나는 의사결정능력 코칭을 잘하는 부모인가?

다음은 당신이 얼마나 훌륭한 의사결정 코치인지 알아보는 자가진단 체크리스트입니다. 아래 문항을 잘 읽어보고 평소에 당신의 행동이나 태도에 가까우면 '예'에 그렇지 않으면 '아니오'에 V표를 하세요.

	예	아니오
1. 슈퍼에서 아이가 간식거리를 고를 때 오래 걸려도 기다려준다.		
2. 장난감 가게에서 아이에게 직접 갖고 싶은 것을 고르게 하는 편이다.		
3. 외식할 때 아이에게 메뉴 선택권을 준다.		
4. 아이에게 자기 방에 필요한 가구와 물품을 직접 고르게 하고, 방 배치도 스스로 하게 한다.		
5. 아이에게 여름휴가를 보낼 장소를 정하라고 한다.		
6. 인터넷이나 스마트폰 게임을 장시간 할 때 강제로 못하게 하기보다는 스스로 절제하게 한다.		
7. 아이가 자신의 통학수단을 스스로 결정하게 한다.		
8. 아이가 용돈을 낭비하는 것처럼 보여도 화를 내거나 참견하지 않는다.		
9. 나이와 이름을 묻는 사람들의 질문에 아이가 머뭇거릴 때, 대신 대답해주지 않는다		
10. 아이가 힘들어하거나 시간이 부족하다고 할 때도 숙제를 대신 해주지 않는다.		
11. 아이 말의 요지를 파악했더라도 중간에 말을 자르지 않고 끝까지 들어준다.		

12. 아이가 형제나 친구와 다툴 때 크게 문제가 되지 않으면 스스로 해결하게 한다.		
13. 아이의 친구가 마음에 들지 않을 때도 가능하면 친구 관계에 개입하지 않는다.		
14. 아이가 말도 안 되는 억지를 써도 일단 그 이유를 들어보고 판단한다.		
15. 서점에서 책을 골라주기보다는 아이가 보고 싶어하는 것을 스스로 고르게 한다.		
16. 아이가 꼬리에 꼬리를 무는 질문을 해도 귀찮아하지 않고 일일이 답해준다.		
17. 공부 시간과 노는 시간을 아이 스스로 정하게 한다.		
18. 아이에게 경시대회나 각종 대회에 참가하라고 강요하지 않는다.		
19. 아이가 준비물을 집에 두고 갔을 때 학교로 가져다주지 않는다		
20. 아이가 정한 장래희망이 마음에 들지 않더라도 잔소리를 늘어놓지 않는다.		

'예'의 총 개수:＿＿＿＿＿＿＿＿＿

결과해석

20~16개: 훌륭한 의사결정 코치입니다. 앞으로도 꾸준히 자녀의 의사결정능력을 키워주세요.

15~10개: 분발이 필요한 의사결정 코치입니다. 자녀의 미래는 의사결정능력에 달려 있으니, 무엇보다도 이 능력을 길러주기 위해 노력하세요.

10개 이하: 의사결정 코치로서 부적격입니다. 의사결정능력을 키워주기 위한 구체적인 목표와 계획을 세워 실천하세요.

내 아이를 위한
의사결정능력 코칭

문정화 지음

'의사결정능력'이라는 지도를
자녀 손에 쥐여주어라

요즘 엄마들 중에는 "다른 건 엄마 아빠가 다 알아서 할 테니까, 너는 공부만 잘하면 된다."라며, 공부 외에 다른 일에 대해서는 아이의 의견을 묻거나 결정권을 행사할 기회조차 주지 않는 경우가 다반사다. 상황이 이렇다 보니 꼭 필요한 경우에도 자신의 의사표시를 못 하는 아이들이 늘고 있다.

그래서일까? 나는 종종 주변의 유치원 교사들로부터 최근 들어 원생들 중에 어떤 장난감을 선택할 것인지, 누구와 놀 것인지조차 결정하지 못해 문제가 발생하는 경우가 많다는 말을 듣곤 한다.

문용린 서울시 교육감은 아이가 자신의 인생을 당당하게 살아가려면 '자기결정력'을 키워주어야 한다고 했다. 자기결정력이란 아이가 목표를 정한 후 그것을 이루기 위해 해야 하는 행동을 스스로 결정하는 힘을 말하며, 이런 능력이 있는 아이가 행복한 인생을 살 수 있다. 따라서 자녀가 인생에서 성공하고 행복한 삶을 살기를 바란다면, 어려서부터 스스로 결정하는 기회를 주고 결정하는 방법을 가르쳐야 한다.

성장 과정에 있는 아이는 때로 잘못된 결정을 내려 낭패를 볼 수도 있다. 그럴 때 부모는 아이를 야단치는 대신 격려해주면서, 실패로부터 교훈을 얻을 수 있도록 동기부여를 해주어야 한다. 그리고 아이가 자신의 결정을 냉정하게 평가해서 다음번의 결정에서는 동일한 실수를 하지 않도록 의사결정능력을 길러주어야 한다.

앞으로 아이들이 살게 될 세상은 모든 것이 아주 빠르게 변화할 것이다. 이런 변화에 대처해나가려면 정확하고 신속한 판단 아래 과감하게 결정하는 능력이 그 어느 때보다 필요하다.

부모는 아이 인생의 영원한 동반자가 될 수 없다. 아이가 성장할수록 부모와 아이가 가야 할 길은 서로 달라진다. 출발점에서 멀어질수록 도움의 손길보다는 아이들이 홀로 찾아가도록 하는 '의사결정능력'이라는 보물지도를 손에 쥐여 주어야 한다.

이 책에 바로 그 보물지도가 있다. 여기에 제시된 내용을 정독하고 실천한다면 아이들은 어느새 훌륭한 의사결정능력을 갖추게 될 것이다.

우연인지는 모르지만 이 책을 집필하는 동안 나에게도 개인적으로 중요한 결정을 해야 할 일들이 그 어느 때보다 많았다. 때문에 약속했던 기간보다 훨씬 더 많은 집필 시간이 소요되고 말았다. 그럼에도 인내심을 갖고 기다려주신 국민출판사 김영철 사장님과 세심한 교정과 정성스런 편집을 맡아준 편집자들에게도 감사드린다. 또한 숲유치원에 대한 다양한 정보와 사진 등을 제공해준 김은숙 원장님께도 감사를 표한다.

그리고 필자에게 어릴 때부터 훌륭한 의사결정능력을 키워주기 위해 세상을 살아가는 지혜를 가르쳐주시고 늘 기도해주시는 부모님께도 늦게나마 감사드리며 이 책을 바친다.

2013년 1월 문정화

들어가는 말 '의사결정능력'이라는 지도를 자녀 손에 쥐여주어라 6

Part 1; 의사결정능력이란 무엇인가?

Part 2; 의사결정능력 향상을 위한 기초소양

Part 3; 내 아이의 의사결정능력 키우기

Part 4; 분석력과 의사결정능력

Part 5; 창의력과 의사결정능력

Part 6; 실천력과 의사결정능력

Part 1

의사결정능력이란
무엇인가?

01 의사결정능력은 왜 중요한가?

한 사람의 의사결정에 따라 나라의 운명도 바뀐다

아버지: 바쁜 현대인에게 필요한 게 있지.

아들: 아빠, 그건 지혜와 용기지요?

아버지: 끊을 것은 끊어야지.

아들: 버릴 것은 버리고요.

아버지: 왜 그래야 되는지 아니?

아들: 가장 중요한 것을 잡기 위해서지요.

–박영환의 《하늘 사다리》 중에서

우리가 원하든 원하지 않든 결정할 일들이 항상 우리를 기다리고 있다. 일상생활에서 우리는 '아침 식사는 무엇으로 할까?', '오늘은 무슨 옷을 입고 출근할까?', '백화점에 점심시간에 들를까, 아니면 퇴근 후에 들를까?' 등을 결정한다. 직장에 나가서는 직종에 따라, '신제품 판매율을 높이기 위한 방법으로는 어떤 것이 좋을까?', '어떤 연설문이 지역 사람들에게 감동을 줄 수 있을까?', '직구와 변화구를 어느 정도 섞어서 타자를 혼란에 빠뜨릴까?' 등을 결정한다. 이처럼 우리가 결정해야 하는 의사결정의 종류는 무척 다양하고, 결정해야 할 일 또한 산적해 있다.

우리는 매일 같이 크고 작은 소소한 일까지 포함하여 수많은 의사결정을 해야 하는데, 대부분의 사람들은 몇 가지 익숙한 결정만을 한다. 그 주된 이유는 새롭고 낯선 의사결정을 시도하지 않으려는 습성 때문이다. 그렇지만 우리는 전혀 새롭고 낯선 것도 결정해야 하는 상황에 때때로 직면하며, 그런 일이 많아질수록 삶의 무게에 버거워한다. 오죽했으면 후버 전 미국 대통령은 결정하지 않고 살 수 있는 곳이 바로 천국이라고 했겠는가!

그런데 한 사람의 의사결정은 그 개인의 성공과 실패, 그리고 행복과 불행을 가를 뿐만 아니라 국가의 운명을 결정지을 수도 있고 인류의 평화에 영향을 미칠 수도 있다. 이에 관해서는 미국 역대 대통령 28명을 대상으로, 그들의 역사적인 결정을 분석하고 조명한 책《모든 책임은 내가 진다》의 저자 토마스 크라우프웰과 에드윈 키에스터의 말을 참고할 필요가 있다.

"2차 대전에서 일본을 항복시키기 위해 원자폭탄 공격을 명령했던 트루먼 대통령의 결정은 원폭 투하로 수많은 죄 없는 사람들을 잃게 했지만, 보통 사람은 할 수 없는 용기와 신념에 찬 결정이었다."

그런데 트루먼 대통령은 임기 중 가장 결단을 내리기 어려운 것이 무엇이었느냐는 기자들의 질문에 "한국전 참전이 가장 힘들었다."고 답했다. 한국전 참전이 소련을 자극해 3차 대전을 초래할 위험성을 안고 있었기 때문이다.

만약 트루먼 대통령이 결정을 바꿔 한국전 참전을 반대했다면 세계는 어떻게 변했을까? 그리고 우리나라는 어떻게 됐을까? 이처럼 한 사람이 내리는 결정은 많은 사람에게, 때로는 전 인류에게 큰 영향을 미칠 수 있다.

아이의 미래는 의사결정능력에 달려있다

얼마 전 우연히 버스 정류장에서 본 풍경이다. 이떤 노인분이 아이가 귀엽다면서 "정말 귀엽구나! 아가야, 너 몇 살이니? 이름은 뭐니?" 하고 물었다. 아이는 낯선 어른의 질문에 부끄러운지 잠시 머뭇거리다가 고사리같이 귀여운 손가락으로 자기 나이를 표시하려고 했다. 그러자 아이 엄마가 나서서 "빨리 대답해야지, 뭐해. '예, 다섯 살이에요. 이름은 김가은이고요'라고 말씀드려."라며 대신 대답해버렸다. 그런데 아이의 표정을 보니 울상이었다. 자기도 할 수 있는 일을 엄마가 해서 그런 것 같았다.

집에 와서도 이 장면이 계속 떠올랐다. 가은이는 어떤 아이로 성장할까? 앞으로도 가은이가 할 수 있는 일들을 엄마가 계속 대신해준다면, 나라를 좌우할 결정은 고사하고 자기 앞가림도 못하는 아이가 되지 않을까? 물론 엄마가 옆에서 아이의 모든 것을 관리해주면 아이는 별 어려움 없이 실패를 겪지 않고 성장할 수도 있다. 하지만 가은이가 사회에 첫발을 내딛는 순간부터 어려움에 부딪히지 않을까? 내가 가은이 부모라면 더 늦기 전에 아이가 스스로 자기의 일을 결정하고 문제를 해결하는 능력을 길러주기 위해 노력할 것이다.

몇 년 전 전국경제인연합회 허창수 회장은 한 언론과의 인터뷰에서, 앞으로는 경쟁사보다 빠르게 미래를 내다보고 선제적으로 의사결정을 할 수 있는 사람과 기업만이 살아남을 수 있다고 강조했다. 이는 허 회장만이 아니라 이 시대를 이끌어가는 리더들의 한결같은 주장이기도 하다.

그렇다면 어떻게 해야 우리 아이가 미래에 경쟁력 있는 인재로 성장할 수 있을까? 그러려면 무엇보다도 의사결정능력을 키워주어야 한다. 왜냐하면 의사결정능력이 뛰어난 사람은 기본적으로 문제해결능력, 리더십, 창의력, 집중력 등도 골고루 갖추고 있어 시대를 이끌어갈 능력이 있기 때문이다. 그렇다고 너무 부담스러워할 필요는 없다.

"천 리 길도 한 걸음부터"라는 말이 있듯이, 평소에 아이의 수준을 고려하여 결정할 기회를 주면 조금씩 자기 일을 스스로 해결하는 능력을 기르게 될 것이다.

02 성공지능이 높아야
의사결정을 잘한다

왜 성공지능인가?

성격이 전혀 다른 A와 B, 두 소년이 숲 속을 걷고 있었다. A는 부모와 교사로부터 똑똑하다는 평가를 받았고 공부도 잘했다. 반면 B를 똑똑하다고 생각하는 사람은 별로 없었다. 성적도 평범하여 늘 반에서 중간을 유지하는 정도였다. 그러나 가끔 주위 사람들에게 눈치가 빠르다거나 현실감각이 좋다는 말을 들었다.

두 아이가 숲 속을 걸어가는데 갑자기 거대한 회색곰이 그들을 쫓아왔다. 그 순간 A는 그 곰이 17.3초 만에 그들을 따라잡을 것으로 계산하고 공포에 빠졌다. 그리고는 옆에 있는 B를 쳐다보았다. 그런데 B는 침착하게 신고 있던 신발을 조깅화로 갈아 신었다.

A는 B에게 "너 돌았구나. 우리는 절대로 저 회색곰보다 빨리 달릴 수 없어!"라고 말했다. 그러자 B가 대답했다. "그건 사실이야. 하지만 난 너보다 빨리 달리기만 하면 돼."

이 이야기는 로버트 스턴버그 교수의 《성공지능》에 나오는 일화이다. 미국 예일대학교 교수를 지내고 현재 오클라호마 주립대학교 부총장인 스턴버그 교수는, 학교 공부를 잘하는 것과 인생에서 성공하는 것은 별개라는 점에 착안하여 '성공지능'에 관해 연구했다. 그는 이 연구 결과를 바탕으로 앞으로 전개될 사회는 다양성이 요구될 것이므로 성공하기 위해서는 분석력 위주로 이루어진 IQ보다는 분석력, 창의력, 실천력을 측정하는 SQ(Successful Quotient), 즉 성공지능이 높아야 한다고 주장했다.

나 역시 스턴버그 교수의 주장에 동의한다. 그리고 성공지능이 높은 사람은 분석적인 동시에 창의적 아이디어를 바탕으로 의사결정을 할 뿐만 아니라 어떤 일을 수행할 수 있는 실천력까지 두루 갖추었을 것으로 생각한다.

앞에서 소개한 예화 속의 두 소년은 모두 똑똑하다. 다만 똑똑한 방식이 다를 뿐이다. A는 자신이 지닌 분석력을 동원하여 재빨리 문제를 파악했다. 그러나 그것이 생사가 달린 위급한 상황에서 그가 할 수 있는 전부였다. 반면에 B는 위급한 상황에서도 자기 앞에 놓인 문제점을 재빨리 파악했을 뿐만 아니라, 창의적인 해결방안까지 내놓았다. 즉 A는 분석력만 높았을 뿐이어서 결국 문제해결에는 실패했지만, B는 성공지능의 세 가지 요소인 분석력, 창의력, 실천력이 모두 높았기 때문에 위기상황에서도 현명하게 대처할 수 있었다. 그러나 B가 A를 배려하여 함께 이기는 결정을 하지 못한 것은 아쉬운 점으로 남는다.

창의력, 분석력, 실천력의 균형을 잡아라

위의 사례에 등장하는 A와 같이 IQ의 주요 요소인 분석력이 높은 사람은 문제점에 대하여 비교하고 분석하는 것을 잘할 뿐만 아니라 각종 시험에서 높은 성적을 얻는다. 일류대학에 입학한 사람들은 대부분이 분석적 지능이 높다. 그렇다면 그들이 사회에서도 성공하는가?

"당신 S대 출신 맞아? 어떻게 일을 그따위로 하나?"

"학교 다닐 때 공부는 잘했는지 모르겠지만 아이디어는 꽝이군!"

"일류대학 출신이면 뭐하나? 다른 사람들과 협조할 줄을 알아야지."

우리는 직장 상사로부터 이와 같은 말을 듣는 일류대학 출신들을 종종 볼 수 있다. 이런 말을 듣는 사람들은 평소 분석적 지능을 너무 과신한 나머지 창의적 지능과 실천적 지능의 중요성을 간과하거나 과소평가하는 경향이 있다. 사회에서는 머릿속에 얼마나 많은 지식이 있느냐가 아니라, 그 지식을 활용할 수 있는 능력도 중요하기 때문에 분석적 지능만 가지고서는 경쟁력이 떨어질 수밖에 없다. 그래서 일류 대학을 나와도 실천력과 창의력이 부족하면 성공은 고사하고 사회에서 도태되기 십상이다.

자녀의 성공은 모든 부모의 절실한 바람이다. 그러나 단지 바람만으로 자녀가 성공하는 것은 아니다. 성공을 위해서는 창의력, 분석력, 실천력이 골고루 균형을 이루어 발전할 수 있도록 노력해야 한다. 만약 창의력이 뛰어난데 분석력이나 실천력이 약하면, 허무맹랑한 공상가가 되기 쉽다. 또한 분석력은 뛰어난데 실천력이 약하면, 앞서 소개한 A처럼 위기를 극복하기 어렵다. 반면에 실천력이 뛰어난데 창의력과 분석력이 약하면, 무슨 일을 해도 엉망이거나 오히려 안 하느니만 못하게 된다.

그리고 성공지능이 높은 사람이 의사결정도 잘하는 경우가 많다. 왜냐하면 어떤 일을 하다가 문제가 생겼을 때, 문제의 본질을 분석하고 창의력을 발휘해 해결책을 찾은 후 실행에 옮기는 것이 의사결정 과정에 모두 포함되기 때문이다. 따라서 아이의 의사결정능력 향상을 위해서는 창의력, 분석력, 실천력을 골고루 길러주기 위해 노력해야 한다.

03 이기는 결정, 기발한 결정,
더불어 이기는 결정

이순신, 정주영, 이태석의 의사결정

앞서 성공적인 의사결정을 하려면 성공지능을 이루는 분석력, 창의력, 실천력이 뒷받침되어야 한다고 했다. 실제로 이 세 가지 능력을 골고루 갖추어 의사결정을 했던 사람들이 있는데, 대표적으로 이순신 장군, 정주영 회장, 이태석 신부를 들 수 있다. 이들을 통해서 아이의 의사결정능력을 길러주는 법에 대해 좀 더 살펴보자.

첫째, 이순신 장군은 늘 이기는 결정을 했다. 그는 어려서부터 매사에 신중했으며 책임감이 강했다. 이러한 자질은 임진왜란 당시 조선을 왜군의 손아귀에서 구해내는 데 중요한 역할을 했다. 실제로 그는 왜군과 전투를 벌일 때 철저히 적과 아군을 분석하여 적이 생각하지 못하는 방식으로 전략을 짜 신속하게 전쟁에 임했다. 그 결과 왜군과의 주요 전투에서 모두 대승을 올렸다.

예를 들어 노량해전에서 그는 적군의 군사력을 철저하게 분석한 후, 힘으로 대결해서는 승산이 없다고 판단했다. 그래서 바닷물의 흐름과 지형의 특성을 충분히 이용하기로 전략을 세워 전투에 임했다. 그리고 적이 전혀 예상하지 못하는 곳에 매복하여 적선을 공격했다. 또한 일찍부터 화포의 중요성을 깨닫고 왜란이 발발하기 전에 여러 종류의 화포를 제작하여 실전 훈련을 했다. 이 화포의 위력은 곧 증명되었다. 이순신이 이끄는 함대는 적선이 접근하기 전에 화포로 집중 공격하여 왜군의 예봉을 꺾어 놓아 전쟁의 승기를 잡을 수 있었다.

그럼에도 그는 당쟁에 눈이 어두운 정치가들의 모함으로 갖은 문초를 당하고 옥에 갇히기도 했다. 하지만 이순신 대신 조선 함대를 이끈 원균이 왜군에 대패하자, 그는 백의종군하여 수많은 불리한 여건에도 불구하고 뛰어난 전략을 세워 신속하게 전투에 대비했다. 그 결과 또다시 왜군은 이순신에게 크게 패하고 말았다. 그래서 훗날 역사가들은 임진왜란을 '조선과 왜의 전쟁'이 아니라 '이순신과 왜의 전쟁'이라고 평가했다.

이처럼 이순신이 강력한 왜군에게 맞서 승리할 수 있었던 것은 어떤 상황에서도 당황하지 않고 분석력과 창의력, 실천력을 발휘하여 이기는 결정을 했기 때문이다.

둘째, '현대'의 창업주 정주영 회장은 기발한 결정을 했다. 우리나라 기업인의 전설, 정주영 회장의 창의적인 의사결정 사례는 여러 곳에서 볼 수 있다. 그는 1952년 12월, 한국전쟁 당시 부산에 조성되는 유엔군의 묘지에 푸른 잔디를 깔아달라는 주문을 받았다. 그러나 겨울에 푸른 잔디가 있을 리 만무했다. 그때 갑자기 정주영의 머릿속에 엄동설한에도 낙동강 모래밭에 한창 피어나고 있을 보리가 떠올랐다. 유엔군 대장은 묘지를 푸르게 할 수만 있다면 잔디가 아니어도 된다고 했기에, 정주영은 보리를 캐어 묘지에 옮겨심기로 결정하고 당장 실행에 옮겼다. 그랬더니 흙먼지가 날리던 묘지는 어느새 푸른 보리 물결로 뒤덮여 있었다.

또 서산 간척지에 방조제공사를 하는데 물결이 너무 강해서 아무리 흙과 돌을 쏟아 부어도 모두 떠내려가 버려 공사가 진척되지 않았다.

현장 시공자들은 너도나도 어렵고 힘들다고 아우성을 쳤고, 실무 토목기술자들도 물리학적으로 도저히 마지막 막음을 할 수 없다는 계산 결과를 내놓으며 한숨만 푹푹 내쉬고 있었다. 하지만 정주영은 달랐다. 그는 즉시 울산에 있는 거대한 폐유조선을 생각해냈다. 그 배에 돌과 흙을 가득 넣어 가라앉히면 물길을 막을 수 있다는 계산이 순간적으로 떠올랐던 것이다. 그는 뒤도 돌아보지 않고 당장 실무자를 불러 울산에서 폐유조선을 끌고 와 물길을 막으라고 했다. 그러자 정말 물길이 막혀 간척지를 성공적으로 조성할 수 있었다. 이러한 기발한 공사법으로 그는 세계토목학회로부터 주목을 받았다. 이처럼 정주영은 남들이 생각할 수 없는 창의적 아이디어와 뛰어난 분석력, 그리고 즉각적인 실천력을 바탕으로 기발한 의사결정을 하여 우리나라 경제의 초석을 세운 것은 물론 '현대'를 세계적인 기업으로 발전시키는 데 큰 공헌을 했다.

셋째, 이태석 신부는 더불어 이기는 결정을 했다. 그는 1962년에 부산에서 태어나 어린 시절을 그곳에서 보낸 후 의과대학을 졸업하고 군대에서 군의관으로 복무했다. 군의관 시절에 그는 사람의 몸을 고치는 일보다 마음을 고치는 일이 더 중요하다는 것을 깨닫고 살레시오 수도회에 입회하여 로마 가톨릭 성직자의 길을 걷기로 결심했다. 그리고 조금의 망설임도 없이 그 결심을 실행에 옮겼다.

1999년 그는 선교 여행을 하던 차에 아프리카 수단에 들렀다가 톤즈의 가난한 아이들을 보고 그곳에서 자신의 일생을 바치기로 마음 먹었다. 당시 수단은 내전 중이었기 때문에 위험할 수도 있었지만, 그의 결심을 꺾지는 못했다. 그는 2001년 11월부터 2008년 11월까지 7년 동안 가난하고 병든 원주민들과 어울리며 마음에서 우러나오는 나눔의 봉사활동을 펼치다가, 대장암이 악화되어 2010년에 48세를 일기로 영면하였다.

이태석 신부의 의사결정은 창의력이나 분석력보다는 실천력, 그중에서도 다른 사람에 대한 배려심이 뛰어났다. 즉 그는 오로지 다른 사람의 유익을 위한 결정을 실행에 옮겼고, 그 과정에서 창의력과 분석력을 발휘하여 아무도 관심을 갖지 않던 톤즈를 희망의 땅으로 탈바꿈하는 데 성공했다.

상황에 따른 의사결정능력 길러주기

이 세 사람이 이기는 결정, 기발한 결정, 더불어 이기는 결정을 할 수 있었던 것은 창의력과 분석력, 실천력을 갖추고 있었기 때문이다. 좀 더 구체적으로 살펴보면, 이들은 각자 처한 환경에 따라, 이순신 장군은 위기 상황에서 분석력을 주로 활용했고, 정주영 회장은 많은 사람들이 답이 없다고 할 때 창의력을 동원하여 문제를 해결했으며, 이태석 신부는 뜨거운 인간애를 바탕으로 과감하게 자신의 이상을 실행으로 옮겼다는 것을 알 수 있다. 즉 주어진 상황에 따라 각자의 능력을 최대한 발휘하여 의사결정을 한 것이다.

의사결정은 정형화된 틀에서 하는 것이 아니므로 일일이 가르쳐주는 것은 한계가 있다. 그렇다면 아이가 자신에게 주어진 환경에 능동적으로 대처할 수 있는 능력을 길러주기 위해서는 어떻게 해야 할까? 무엇보다도 의사결정능력의 기초소양인 분석력, 창의력, 실천력을 골고루 길러주어야 한다. 한마디로 성공지능을 키워주어야 이기는 결정, 기발한 결정, 더불어 이기는 결정을 할 수 있을 것이다.

04 의사결정능력은 하루아침에
길러지지 않는다

희연이가 친구들에게 인기가 있는 비결은?

평소에 잘 알고 지내던 지인의 딸이 있다. 이 아이의 이름은 김희연이고 나이는 여섯 살이다. 희연이 엄마는 딸에 대한 이야기를 종종 들려주는데, 그때마다 나는 희연이의 에피소드에 감탄하곤 한다.

한번은 이런 일이 있었다. 희연이네 가족이 새로운 곳으로 이사를 해 희연이도 다니던 유치원을 그만두고 새로운 유치원에 다니게 되었다. 처음에 희연이 엄마는 딸아이가 유치원에 잘 적응할지 걱정이 앞섰다. 그런데 얼마 후 딸이 유치원에 잘 적응할 뿐만 아니라 친구들에게도 인기가 있다는 것을 알고 마음이 놓였다. 특히 서영이와 은재라는 친구가 희연이를 좋아했다. 하지만 이 두 친구가 서로 희연이와 더 친하게 지내려고 하여 종종 문제가 발생했다. 희연이는 이것이 고민이 되었는지 엄마한테 그 이야기를 했다.

"엄마, 은재하고 서영이가 나랑 친해요. 그런데 유치원 통학버스를 탈 때 서로 내 옆에 앉겠다고 해서 걱정이에요."

희연이의 말을 들은 엄마는 아이의 고민이 재미있기도 했고, 어떻게 아이가 이 문제를 해결할 것인지 궁금하기도 했다. 그래서 "어머, 우리 희연이 걱정이 많겠구나!"라고 아이의 마음을 먼저 공감해주고 이런저런 해결책을 알려주었다. 처음에 희연이는 엄마의 충고대로 두 친구와 그럭저럭 잘 지냈지만 문제가 말끔하게 풀린 것 같지는 않았다.

그런데 어느 날 희연이는 엄마에게 이렇게 말했다.

"엄마, 좋은 방법이 생각났어요. 하루는 은재하고 앉고, 다음 날은 서영이 하고 앉으면 돼요."

이 말을 들은 엄마는 아이가 대견스러웠다. 여섯 살 아이치고는 꽤 그럴듯한 해결 방안을 생각해냈기 때문이다. 희연이는 자신이 생각할 수 있는 최선의 방법을 찾아낸 후 다음 날부터 그것을 곧바로 실천했다.

나는 이 이야기를 듣고 희연이의 해결책이 두 친구를 모두 만족시키는 데 얼마나 효과가 있을지는 미지수지만, 친구를 배려하는 아이의 문제해결 방식은 매우 인상적이라고 말해주었다.

사실 희연이가 이렇게 스스로 문제를 해결하는 아이로 자라기까지 엄마의 숨은 노력이 있었다. 그녀는 딸이 아주 어릴 때부터 자립심이 강하고 의사결정능력이 뛰어난 아이로 자라기를 바랐다. 그래서 아이에게 작은 일에서부터 스스로 결정하는 방법을 가르쳤다. 하지만 나이에 알맞게 점점 더 큰일을 맡길 요량으로 아이에게 처음부터 의사결정권을 전부 주지 않고, 작은 일에서부터 하나씩 선택권을 주었다.

예를 들어 그녀는 마트에 가서 딸아이에게 먹고 싶은 것이 무엇인지 선택하게 했다. 처음에 아이는 먹고 싶은 간식거리가 많아 선택하는 데 애를 먹었다. 그래서 엄마는 건강에 나쁘지 않은 간식 몇 가지를 정하여 선택의 폭을 좁혀준 후, 한두 가지를 고르게 했다. 또 옷을 살 때도 딸아이에게 바지를 살지 치마를 살지를 선택하게 한 후, 그중에서 몇 가지를 미리 골라주고 하나를 고르게 했다. 한번은 아이에게 신발을 사도록 결정권을 주었는데 너무 비싼 것을 원했기 때문에, 세일 코너에서만 고를 수 있다고 제한하고 그중에서 마음에 드는 것을 선택하게 했다. 물론 그래야만 하는 이유도 설명해주었다.

때로 엄마가 선택의 제한을 두는 것이 어린 희연이로서는 납득이 가지 않아 고집을 피우기도 했다. 그러나 그런 방식에 익숙해지자 희연이는 엄마의 말을 잘 따르기 시작했다. 이렇게 해서 희연이는 웬만한 일은 스스로 결정할 수 있는 능력을 조금씩 배우게 되었다.

아이의 수준에 맞게 의사결정능력을 키워주어라

실제로 요즘 희연이는 아침에 일어나서 유치원 갈 준비를 스스로 할 뿐만 아니라 어떤 옷을 입을지도 혼자서 결정한다. 희연이 엄마는 딸이 초등학생이 되면 선택의 범위를 더 넓혀줄 예정이다.

예를 들면 방학 동안 가족이 함께 어디로 피서를 갈지, 친구 생일에 무엇을 선물할지, 용돈을 어떻게 쓸지 등 일상생활에 일어나는 여러 가지 일들을 결정하게 하려고 한다.

한편, 희연이 엄마는 아이에게 어떤 일을 선택하기 전에 다른 사람을 먼저 배려하는 것을 가르치는 것도 잊지 않았다. 그래서 딸아이의 유치원 선생님으로부터 다음과 같은 칭찬을 들었을 때 매우 기뻤다고 했다.

"희연이는 친구들과 의견이 다를 때, 먼저 다른 아이의 의견을 잘 들어주고 자신만의 무리한 주장을 고집하는 친구들과 가능하면 입장 차를 좁히려고 노력해요. 그리고 의견이 달라 싸우는 친구들을 화해시키는 일까지 할 정도로 또래 아이보다 사회성도 좋고 남을 배려하는 따뜻한 마음을 갖고 있어요."

그녀는 지금도 딸을 다른 사람을 배려하며 지혜로운 결정을 하는 아이로 키우기 위해 노력하고 있다. 나는 희연이가 엄마의 가르침대로 잘만 따라와 준다면 분명 다른 사람을 섬기는 서번트 리더십을 발휘해 세상을 이끌어가는 여성 리더가 되리라고 생각한다.

05 숲유치원 아이들의 의사결정능력

무엇이 자발적인 수업 참여를 이끄는가?

시현: 선생님! 애벌레 두 마리가 있어요.

교사: 시현아, 어디에서 발견했어?

시현: 땅을 파는 데 두 마리가 있었어요. (친구들이 시현이 쪽으로 왔다.)

민수: 어디? 어, 움직인다.

시현: 그런데 이 작은 애벌레를 어떻게 할까요?

교사: 어떻게 하면 좋을까?

시현: 다시 놓아줄까요?

교사: 그렇게 하면 좋겠다.

채은: 그런데 어떤 애벌레예요?

교사: 글쎄. 크기와 모양을 한번 살펴보자.

시현: 안돼요. 그러다가 애벌레가 죽을 수도 있어요. 그러면 불쌍해요.

교사: 그래. 시현이 말대로 하자. (시현이는 애벌레가 불쌍하다며 다시 땅에 묻어주었다.)

시현: 그런데 사람들이 지나가다 밟으면 어떻게 해요?

교사: 그럼 표시를 해둘까?

시현: 네. (나뭇가지와 실을 이용하여 네모난 울타리를 만들어주었다.)

앞에 나온 내용은 숲유치원 아이들과 선생님의 대화 장면이다. 인천대학교 숲유아교육연구소에서는 자연 친화적인 유아교육을 지향하는 숲유치원의 교육을 인천시에 위치한 청량산에서 국내 최초로 시범 운영하고 있다. 숲유치원 아이들의 수업은 숲에서 시작해서 숲에서 끝난다. 숲 자체가 아이들의 교실이고 학습의 장인 셈이다.

숲 속을 가다 보면 여러 갈래 길이 나온다. 선생님은 길을 가다가 갈래 길을 만나면, 어느 쪽으로 갈 것인지 아이들에게 결정권을 준다.

■ 애벌레를 땅에 묻어주고 있는 아이들

■ 다른 사람이 애벌레를 밟지 않도록 만든 경계표시

그러면 아이들은 자기들끼리 의견을 교환하여 가장 설득력 있는 아이의 의견에 따르고, 의견이 대립될 때는 다수결의 원칙에 따라 갈 길을 결정한다. 이렇게 숲유치원에서는 수업 중에 스스로 결정할 기회를 많이 주어 아이들의 의사결정능력을 길러주고 있다.

숲유치원에서는 자연을 통해 교과서에서는 배울 수 없는 생생한 현장 학습도 가능하다.

예를 들어 아이들에게는 계절의 변화에 따라 숲의 상황이 변하는 것도 좋은 학습의 주제가 된다. 비가 오고, 단풍이 들고, 얼음이 어는 계절의 변화를 직접 체험하면서 아이들은 자연의 원리를 깨우치게 된다. 숲에서 쉽게 볼 수 있는 흙, 나무, 나뭇잎, 열매, 바람, 낙엽, 새, 곤충 등을 소재로 학습을 하다 보면 아이들은 시간가는 줄 모르고 수업에 빠져든다. 비가 온 다음 날 두꺼비집 놀이를 하면서 물기 있는 흙과 마른 흙의 차이를 자연스럽게 깨닫게 된다.

그리고 공부를 하다가 모르는 것이 있을 때도 교사가 바로 답해주는 것이 아니라 스스로 해결하도록 도와준다. 가령 앞서 소개한 것처럼 아이들이 애벌레를 발견하면, 그것이 어떤 곤충의 애벌레인지 궁금해하는 아이들을 위해 선생님이 배낭에서 '곤충 도감'을 꺼내 함께 알아본다. 또 새에 관해 배울 때도 실제로 새를 관찰하고 사진으로 찍는다. 그리고 미리 준비해온 '새 도감'을 꺼내 그 새의 특성에 대해서 함께 조사한다. 또 숲 속에서 동물의 뼈를 발견하면 교사는 그 뼈의 모양

을 토대로 어떤 동물의 것인지를 아이들과 함께 여러 가지 가능성을
염두에 두고 찾아본다.

이와 같이 숲유치원의 수업은 아이들에게 새로운 것을 탐구하게 하
고 자연을 생생하게 배울 기회를 준다.

숲에서 길러지는 의사결정능력

숲에서 아이들은 놀잇거리도 그곳에 있는 것들을 활용하여 직접 만
든다. 이때 아이들은 이런저런 궁리를 하다가 자기가 만들고 있는 장난
감에 다양한 기능을 추가하거나 필요 없는 것을 빼기도 한다.

예를 들면 아이들은 솔방울을 가지고도 다양한 장난감을 만든다.
어떤 아이는 솔방울 틈에 나뭇가지를 꽂아서 실로 묶어 역기 모양의
전화기를 만들기도 한다. 또 밤 쭉정이로 숟가락을 만들고 나무토막으
로 밥그릇을 만들어 소꿉놀이를 하는 아이도 있다.

숲유치원 활동 초기에는 자유놀이시간에 혼자 놀고 있는 아이도

■솔방울 2개로 전화기를 만드는 아이

■밤 쭉정이로 만든 숟가락

눈에 띄었으나, 시간이 지나면서 대부분의 아이들이 함께 놀이를 했다. 아이들은 놀이동산을 만든다며 무거운 돌을 같이 나르거나 힘을 합해 땅을 파기도 했다. 또 코끼리, 호랑이, 사자, 기린 등 다양한 동물을 만들어 각자가 맡은 역할을 정해 동물원 놀이를 하기도 했다. 숲유치원 교사의 말에 따르면 처음에는 쑥스러워했던 아이도 이러한 놀이들을 통해 점차 말이 많아지고 자기 의견을 자신 있게 표현하기 시작했다고 한다.

숲유치원의 독특한 수업방식이 시행된 지는 그리 오래되지 않았지만 지금까지는 아이의 자발성, 사회성 및 문제해결능력과 의사결정능력을 길러주는 데 있어 긍정적인 평가를 받고 있다. 물론 많은 아이들이 일반 유치원이나 어린이집에 다니기 때문에, 숲유치원에서 제공하는 교육을 받을 수는 없다. 그럼에도 숲유치원의 여러 가지 성과를 참고하여 유치원이나 가정에서 적용하면 이에 준하는 학습효과를 누릴 수 있을 것이다.

Part 2

의사결정능력 향상을 위한 기초소양

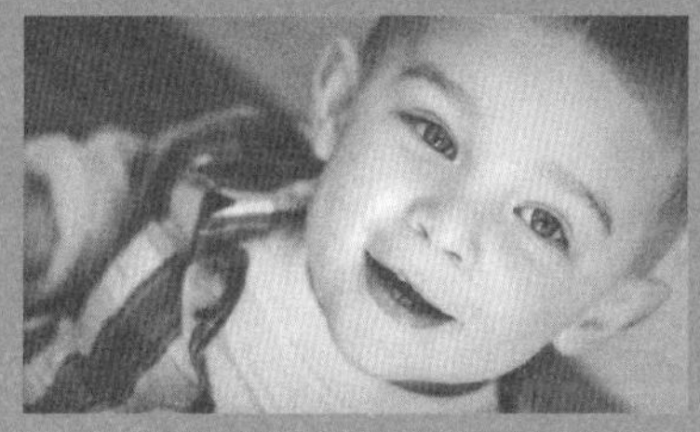

06 사랑은 의사결정능력의
뿌리다

아이의 행복을 위해 가장 필요한 것은 무엇인가?

아버지: 너는 무엇이 되고 싶니?

아들: 아빠, 저는 아침에는 신문이 되고, 저녁에는 텔레비전이 되고 싶어요.

아버지: 그게 무슨 말이냐?

아들: 아빠는 아침에 신문만 보시고, 엄마는 저녁에 텔레비전만 보시잖아요?

아버지: 너한테 좀 더 관심을 쏟을 걸 그랬구나!"

–박영환의 《하늘 사다리》 중에서

이 글은 아이가 얼마나 부모의 관심과 사랑을 원하는지를 은근하면서도 강력한 메시지로 말하고 있다. 당신의 자녀는 무엇이 되고 싶어할지 한번쯤 곰곰이 생각해보라. 아이들의 말에서 부모의 양육방식이 적나라하게 드러날 것이다.

만약 주말에 야외로 놀러 가자고 약속하고 막상 그날이 되자 "아! 아빠가 깜박했다. 어젯밤에 술을 많이 마셔서 꼼짝도 못하겠구나. 다음에 가자."고 말하고 하루 종일 소파에 누워 잠만 잔다면, 아이는 뭐라고 말할까? "일요일에는 소파가 되고 싶어요."라고 하지 않을까?

아이들은 부모의 사랑과 관심이라는 자양분을 먹고 자란다. 특히 아이가 어릴수록 엄마와의 스킨십이 중요하다. 만약 성장기에 부모로부터 따뜻한 사랑을 받지 못하면, 애착관계가 제대로 형성되지 않아 몸과 마음이 나약해져 세상에 대한 두려움 속에서 살아갈 수밖에 없다. 이런 아이가 자기 일을 잘할 수 있을까? 거의 불가능하다.

아동정신의학자 존 볼비는 애착관계의 중요성을 강조하며, 어렸을 때 제대로 사랑을 받지 못하면 정서적 기능이 저하되고 대인관계에 문제가 발생하여 사회생활을 제대로 할 수 없다고 경고했다. 따라서 아이가 사회의 구성원으로서 자신의 역할을 다할 수 있도록 어렸을 때부터 지극한 사랑으로 아이를 키워야 한다.

다음은 지금은 중학생이 된 이웃집 아이 우영이가 초등학교 2학년 여름방학 때 당근을 키우는 과제를 하면서 겪은 이야기다.

우영이는 당근 두 개를 똑같은 크기와 무게로 잘라 각각 투명한 유리컵에 넣고, 같은 양의 물을 부은 후 관찰을 했다. 이때 한쪽 컵에는

"사랑해요."라고 쓰고, 다른 쪽 컵에는 "미워요."라고 쓴 포스트잇을 붙였다. 그리고 하루에 한 번씩 "사랑해요."라고 쓴 컵에 있는 당근에는 "사랑해."라고 말하고, "미워요."라고 쓴 컵에 있는 당근에는 "미워!"라고 말했다.

5일이 지난 후 싹이 나기 시작했다. 그런데 두 컵에 있는 싹의 크기가 달랐다. 그리고 12일이 지났을 때 두 컵에서 자라난 당근은 누가 보아도 확연히 차이가 났다. 물론 "사랑해."라는 말을 듣고 자란 당근이 더 크고 싱싱하게 자랐다. "사랑해."라는 말이 얼마나 중요한지를 보여주는 놀라운 결과였다.

이처럼 말 한마디가 식물에도 큰 영향을 미치는데, 하물며 부모가 자녀에게 하는 말과 행동은 아이의 몸과 마음에 얼마나 큰 영향을 미치겠는가!

제대로 사랑하라!

어느 부모가 자식을 사랑하지 않겠는가? 하지만 아이를 어떻게 사랑하느냐에 따라 그것이 자녀에게 독이 되기도 하고 약이 되기도 한다. 예전보다 생활이 풍요로워지고 외동아이들이 많아지다 보니 과거에 비해 아이에 대한 부모의 관심과 사랑이 커진 것이 사실이다. 하지만 이런 부모의 과도한 사랑에 아이는 부담을 느끼기도 한다.

아이들은 천성적으로 자유로운 것을 좋아한다. 그래서 사랑을 하더라도 아이들의 자유를 구속하지 않는 선에서 해야 한다. 이렇게 노력하다 보면 아이들과의 신뢰 관계가 돈독해져 이따금 사랑의 매를 들 때조차 아이들은 순종한다. 한낱 식물에 불과한 당근도 사랑의 기운에 영향을 받는데 아이들이 부모의 사랑을 모를 리 없다.

현명한 부모라면 아이들의 공감능력을 길러주는 데도 노력해야 한다. 공감능력 역시 부모의 사랑과 밀접한 관계가 있다. 스위스의 심리학자 아르노 그륀은 어린 시절 부모의 사랑을 받아야 다른 사람의 입장을 헤아려 협력할 수 있는 건전한 공감능력을 기를 수 있다고 했다. 앞으로 아이들이 주역이 될 시대에는 개인이 아무리 똑똑해도 타인과 공감하고 협력하는 능력이 없으면 뒤처질 수밖에 없을 것이다. 그만큼 사회가 빠르게 변하면서 다양한 정보가 홍수처럼 쏟아져 개인이 혼자 그 변화에 맞서기는 불가능해질 것이기 때문이다.

당신은 아이를 정말 사랑하는가? 그렇다면 이러한 변화무쌍한 사회에서 성공적으로 살 수 있도록 다른 사람과 의사소통을 원활히 할 수 있는 능력을 길러주어야 한다. 이를 위해서는 가정에서부터 부모와 자식 간에 흉금 없이 소통하고 아이가 선택한 것이 별문제가 없다면 실행하도록 격려해주어야 한다.

07 부모의 의사결정이 아이의 의사결정능력을 좌우한다

결국, 당신 자식이다

우리 집 아들이 초등학교 1학년 때쯤이었던 것으로 기억한다. 어느 날 아들 친구들이 우리 집에 놀러 왔다. 아이들은 이것저것 하고 놀다가 이번에는 베개를 가지고 놀기 시작했다. 처음에는 베개를 던지기도 하고 샌드백이라고 생각하고 주먹으로 치는 등 이런지런 장난을 하면서 놀았다. 그러던 중 어떤 아이가 방 한쪽 구석에서 베개에 올라앉고는 다른 베개 하나로 핸들을 만들어서 '부르릉 부릉' 하고 소리를 냈다. 이어서 왼손으로 창문을 여는 흉내를 내더니 고개를 내밀면서 "야, 이 미친놈아! 운전 똑바로 해!"라고 큰 소리로 외쳤다.

대충 상황이 짐작은 되었지만 그 아이에게 "뭐하는 거니?"라고 했더니, 옆에 있던 차가 갑자기 자기 앞으로 끼어들어 쫓아가서 한마디 한 것이라고 대답했다. 그래서 다시 물었다. "그 차가 네 차를 못 보고 끼어든 것은 아닐까?" 그러자 그 아이는 "아니에요. 우리 아빠가 그러는데 저렇게 겁도 없이 들어오는 차는 혼내주어야 한대요."라고 대답했다. 예상했던 대로 아이가 아무렇지도 않게 욕설을 한 것은 다름 아닌 바로 자기 아빠의 모습을 그대로 흉내 낸 것이다.

이처럼 부모의 모든 말과 행동은 자녀들에게 생활의 지표가 된다. 아빠의 운전 모습을 흉내 내는 것부터, 불쌍한 사람을 남모르게 도와주거나 평소에 책을 읽는 것까지 아이들은 부모의 모습을 그대로 따라 한다. 이것은 놀랍다기보다는 어쩌면 아주 자연스러운 일이다.

아이는 부모의 모습을 그대로 비추는 거울과 같다. 따라서 아이에게 바라는 것이 있을 때에는 부모가 먼저 그렇게 하면 된다. 그러면 아이들은 부모의 모습을 그대로 따라 할 것이다. 세계영재학회(World Council for Gifted and Talented Children)가 미국 대통령 장학금을 받거나 명문 학교에 진학한 대만 출신의 학생과 중국계 미국인 학생의 부모 103명을 대상으로 설문조사를 한 결과, 부모가 자녀의 '역할모델' 이 되어주었다는 공통점이 있었다.

예를 들어 부모가 열심히 책을 읽고 창의적인 활동을 하면 아이들도 스스로 책을 읽었고 창의적인 활동을 했다. 또 평소에도 기회가 있을 때마다 위인뿐 아니라 친척이나 조상의 성공담을 들려주는 등 아이들에게 직간접적인 역할모델을 많이 제시했다는 공통점도 있었다.

당신이나 잘하세요

어느 교회에 설교도 잘하고 인품도 훌륭해서 성도들로부터 크게 존경받는 목사님이 있었다. 그 목사님에게 많은 신도들이 다양한 문제로 상담을 원했는데, 그중 가장 큰 어려움을 호소하는 것은 바로 자녀문제였다.

그들은 한결같이 "목사님, 왜 이리 요즘 아이들은 부모 말도 안 듣고, 공부도 안 하면서 자기가 하고 싶은 것만 하려고 하는지 모르겠어요. 부모 노릇이 정말 쉽지 않네요. 어떻게 해야 아이들을 잘 키울 수 있을까요?"라고 하소연했다. 그럴 때마다 그 목사님이 제일 먼저 하는 말이 있다. 그건 바로 "당신이나 잘하세요."였다. 무슨 뜻일까? 이 말은 흔히 세상에서 얘기하는 빈정대는 말투인 "너나 잘해."와는 다른 말이다. 이 메시지에는 자녀를 잘 키우고 싶으면 "부모인 당신이 먼저 잘하면 됩니다."라는 아주 단순하지만 핵심적인 의미가 담겨 있다.

부모는 아이가 공부를 잘하기 원하면 먼저 공부하는 모습을, 효도 받고 싶으면 효도하는 모습을 보여주어야 한다. 부모가 아이들 눈에 '바른 생활 부모'가 아닌데 아이들에게 '바른 생활 아들(딸)'이 되라고 요구하는 것은 모순이다.

아이들이 신중하게 판단하고 의사결정하기를 바란다면 부모가 매사에 그런 모습을 보여주어야 한다. 그리고 집안에서 의사결정할 일이 있을 때 아이라고 무시하지 말고 참여시켜야 한다. 특히 아이와 관계된 의사결정은 당연히 아이에게도 발언권을 주어야 한다. 이런 과정을 통해 아이는 의사결정을 연습할 수 있다.

그러나 아이에게 영향을 미치는 일인데도 부모가 신중하게 결정하여 행동하지 않고 즉흥적이거나 원칙 없이 결정하고 실행하면, 아이는 그 모습을 그대로 따라 배운다. 가령 아이 방의 벽지나 가구를 고를 때 아이의 의사를 묻지 않고 일방적으로 결정하면, 아이 역시 다른 사람의 의견을 묻지 않고 독단적으로 결정하고 행동할 것이다.

아버지는 "바담 풍" 하면서 아이는 "바람 풍" 하기를 기대하는 것은 어불성설이다. 그러므로 아이가 바른 의사결정을 하기를 원한다면 부모가 먼저 의사결정을 잘하면 된다.

08 부모의 간섭이
아이의 의사결정능력을 망친다

헬리콥터맘은 이제 그만!

요즘 학교 시험 때가 되면 엄마가 문제집을 들고 시험에 나올 만한 문제를 일일이 체크해서 아이에게 가르치는 풍경을 자주 볼 수 있다. 이 학습매니저 엄마들은 자녀에게 조금의 틈도 안 주고 아주 체계적으로 성적을 관리한다. 그리고 아이를 좋은 학교에 입학시키기 위해 동분서주한다. 이 과정에서 아이의 의사를 묻거나 아이에게 어떤 선택권을 주는 경우는 거의 없다.

이뿐만 아니다. 대학입시설명회에도 부모가 참석하여 수많은 정보를 수집하고 평가한 후, 아이가 어떤 전공으로 어떤 학교에 갈 것인지를 결정한다. 그리고 아이에게는 통보하는 식으로 이러저러한 이유를 들어 어느 대학, 어느 학과에 입학원서를 내라고 지시한다. 물론 대학 입학에 관한 중대사에 부모가 나서서 자녀가 현명한 판단을 할 수 있도록 돕는 것이라면 그것을 부정적으로 볼 것까지는 없다. 하지만 아이의 의사를 무시하거나 아이의 판단을 못 미더워하며 모든 것을 부모가 결정해주기까지 한다면 그건 생각해볼 문제다.

그런데 지금까지는 헬리콥터맘들의 활동 범위가 대학입시와 취업까지였다면, 요즘에는 자녀의 혼사까지 관여하기 시작했다. 얼마 전 한 결혼정보업체에서 '결혼전략 설명회' 행사를 열었다. 그런데 빈자리 하나 없이 빼곡하게 들어찬 설명회장에는 막상 결혼 적령기의 당사자들보다는 결혼상대자를 찾아주겠다는 부모들이 대부분을 차지했고, 그들의 열기가 얼마나 뜨거웠던지 마치 대학입시설명회를 방불케 했다고 한다. 아마 헬리콥터맘들은 장성한 자녀가 배우자를 찾는 일도 공부 가르치듯 앉혀놓고 일일이 코치해주어야 한다고 생각하는 것 같다.

이렇게 헬리콥터맘 아래서 자란 아이들이 혼자서 독립해야 할 때 과연 자기의 일을 제대로 감당할 수 있을까? 코앞에 닥친 작은 문제도 해결하지 못하고 전전긍긍하지 않을까 심히 걱정된다.

요즘 아이 같은 어른, 일명 '어른 아이'들이 늘어가고 있다. 실제로 어른 아이들은 맞선을 볼 때도 대화를 주도하지 못하고 여자에게 끌려 다니거나, 대화 중에도 엄마를 거론하곤 하여 상대방에게 신뢰를 주지 못한다. 군대에 가서도 다른 부대원들로부터 고문관으로 낙인찍힐 가능성이 높고 직장에서도 무능력한 사람으로 취급받기 십상이다. 또한 결혼하고 나서도 부부싸움을 한 후에 스스로 해결하지 못해 부모가 나서서 중재하거나, 싸움이 커지면 아예 이혼 절차를 밟아주기도 한다.

그런데 이런 현상은 우리나라보다 정도는 덜하지만 미국의 부모들도 마찬가지인가 보다. 최근 미국의 한 공영방송 라디오 프로그램에서 헬리콥터부모들은 이제 자녀의 취업까지 그 영역을 넓혀, 이력서 제출은 물론 직장에서 자녀가 맡을 보직이나 휴가, 급여 책정 등 다양한 분야에 개입하고 있다고 보도했다.

이런 보도를 뒷받침이라도 하듯이 미시간주립대에서 기업체에 채용된 신규직원 700명을 대상으로 설문조사를 한 결과, 응답자의 3분의 1이 넘는 지원자의 부모가 자녀 대신 이력서를 작성하여 취업을 희망하는 기업체에 제출했다고 한다. 그런데 이렇게 부모 의존적인 취업자들은 직장 생활에 원만하게 적응하지 못하고 대부분 중도에 회사를 그만둔 것으로 밝혀졌다.

부모는 119가 아니다

자녀의 일상사에 사사건건 개입하는 부모를 일명 '간섭형 부모'라고 한다. 간섭형 부모는 자가용으로 등교시키고 학교가 끝나면 태우러 온다. 그리고 아이가 준비물이나 과제물을 놓고 가면 부리나케 학교로 달려가 아이에게 전해주고, 어려움에 처해있는 것 같으면 119처럼 곧

바로 달려와서 아이의 문제를 해결해준다. 그러나 이렇게 자란 아이가 이다음에 과연 혼자서 무엇을 할 수 있을까? 이들은 평생 부모가 대신 나서서 해주지 않으면 아무것도 못할 가능성이 크다. 그리고 책임을 회피하며 늘 도와줄 사람부터 찾을 것이 뻔하다.

간섭형 부모들이 아이들의 주변을 계속 맴도는 이유는 아이를 자신의 보호 아래 두고 싶어하는 욕망 때문이다. 하지만 아이는 부모의 전유물이 아니다. 아이가 정말 세상에서 당당한 독립된 인격체로 살아가길 바란다면 홀로 서는 연습부터 시켜야 한다. 그렇지 않고 아이의 편의를 지나치게 봐주다 보면 아이는 세상에 나가 자기 인생을 개척해나갈 기회를 박탈당해 영영 어른 아이로 머물러 사회의 천덕꾸러기가 되고 말 것이다.

대부분의 부모는 아이가 어려움에 빠지거나 혼자서 어떤 일을 하기 벅차할 때, 안쓰러워서 본능적으로 도움의 손길을 뻗고 싶어 한다. 그럼에도 아이의 자립심을 길러주기 위해서는 부모의 간섭을 최소화하고 자기 힘으로 문제를 해결하도록 도와주어야 한다. 물론 처음에는 자기에게 주어진 일을 제대로 감당하지 못하여 실수할 수도 있다. 하지만 이런 과정을 몇 번 경험한 후에는 점점 더 실패에 대한 회복력이 높아져 어려운 일도 감당할 수 있을 만큼 성숙해질 것이다.

09 새는 약한 나무에 둥지를 틀지 않는다

시련을 이겨내는 아이로 키워라

몇 년 전 우리나라를 강타한 태풍 곤파스가 일으킨 피해는 엄청났다. 곤파스로 인해 서울 시내의 가로수와 전봇대가 쓰러져 교통이 마비되었고, 인천에 있는 축구경기장의 지붕이 날아가 약 100억 원대의 손실이 났다.

앞에서 소개한 바 있는 숲유치원에서 있었던 일이다. 태풍 곤파스가 지나간 다음 날도 어김없이 숲유치원의 선생님과 아이들은 숲으로 갔다. 숲에도 곤파스가 할퀴고 간 자리가 선명하게 남아 있었다. 곳곳에 나무가 쓰러져 있거나 나뭇가지가 부러져 있었고 작은 나무들은 아예 뿌리째 뽑혀 있었다.

그런데 이런 가운데에도 태풍에 쓰러지지 않은 나무들이 종종 눈에 띄었다. 그 나무들을 자세히 관찰하던 아이들은 한 가지 특이한 점을 발견했다. 곤파스에도 꿋꿋이 버틴 나무들 위에 새의 둥지가 어김없이 있었던 것이다. 그래서 선생님과 아이들은 그 이유를 알아보기 위해 며칠 동안 책과 인터넷 자료를 찾아보다가 새들은 약한 나무에 둥지를 틀지 않는다는 사실을 알게 되었다. 왜냐하면 새들은 본능적으로 나무의 형태를 통해 뿌리가 깊은지 그렇지 않은지를 파악하는 능력이 있어, 강한 바람에도 잘 쓰러지지 않을 만큼 뿌리가 깊은 나무를 선택해 둥지를 트는 습성이 있기 때문이다.

나는 이 이야기를 듣고 자녀교육의 핵심이 여기에 있다고 생각했다. 부모가 언제까지 자녀를 돌봐주며 살 수는 없다. 아이들이 독립할 시기가 되면 그때부터는 스스로 자신의 인생을 개척해나가야 한다. 그러나 인생을 살다보면 누구나 다 수많은 난관에 부딪히기 마련이다. 그때 부모로부터 난관을 극복하는 법을 배운 사람은 어떤 시련이 와도 견뎌낼 것이고, 그렇지 못한 사람은 곤파스에 의해 부러지는 나무처럼 인생에서 쓴잔을 마시게 될 것이다.

당신의 자녀는 어떤가? 혹시 당신은 헬리콥터맘, 캥거루맘은 아닌가? 자녀 주위를 한시도 떠나지 못하고 늘 아이를 품에 안고 있으려는 부모는 결국 아이를 뿌리 깊은 나무로 키우지 못한다. 이런 아이들이 사회에 나가 모진 시련을 당할 때 넘어지지 않고 버틸 수 있을까? 한

번 곰곰이 생각해볼 문제다.

인삼의 지혜를 배워라

내 고향은 인삼의 고장 충남 금산이다. 학창시절 여름방학이 되면 할아버지 댁에 갔다. 인삼 경작을 하시는 할아버지는 인삼을 수확할 때면 손자들의 도움까지 빌려야 할 정도로 바쁘셨다. 인삼 수확은 그만큼 손이 많이 가는 일이었다. 요즘은 대부분의 작업을 기계로 대신하지만 그때는 인삼 한 뿌리를 어른들이 일일이 캐면 아이들은 그 뒤에서 혹시 빠뜨린 것은 없는지 살피면서 이삭줍기를 했다. 나도 할아버지를 도와 이삭줍기를 했는데, 한번은 비탈진 곳에서 캐낸 인삼과 평지에서 캐낸 인삼의 크기가 다른 것을 발견했다. 할아버지에게 그 이유를 묻자, 이렇게 말씀해주셨다.

"뿌리가 튼튼하고 실해 보이는 인삼은 토질도 별로 좋지 않고 바람 불고 비가 오면 흙이 아래로 쓸려가 뿌리를 드러낼 것 같은 언덕배기에서 사란 인삼이란다. 이린 곳에서 생존해야 하는 인삼은 비바람에도 쓸려가지 않기 위해 뿌리를 땅속으로 더 깊게 내린 것이지. 하지만 토질이 좋고 비바람이 불어도 안전한 곳에서 자란 인삼은 뿌리를 깊이 내릴 필요가 없어 실하지도 않고 크지도 않은 거란다."

지금에 와서 생각해 보니 그때 할아버지가 말씀해 주시던 인삼 얘기 속에 아이를 강하게 키우는 비법이 숨어 있다는 것을 알게 되었다.

요즘 대부분의 부모들은 아이가 조금만 어려움에 빠져도 놀라서 어쩔 줄 몰라하며 빨리 그 상황에서 건져주려고 한다. 물론 자녀를 사랑하기 때문에 안타까운 마음에서 그렇게 하는 것은 이해가 간다. 하지만 그런 식의 개입은 결코 아이 인생에 도움이 되지 않는다.

아이들은 대부분 시련이나 난관에 부딪히면 처음에는 힘들어하기 마련이다. 그렇지만 그것을 스스로 해결하고 극복해내는 노력을 하지 않으면 작은 비바람에도 뿌리째 뽑혀나가는 평지의 인삼처럼 부실하게 자라기 쉽다. 하지만 세상을 이끌어갔던 리더들은 어렸을 때부터 자신의 주관이 뚜렷했으며, 어떤 어려움이 와도 거기에 무릎 꿇기보다는 자기의 뜻을 당당하게 펼치기 위해 노력했다. 우리 아이들도 그렇게 키우기를 원한다면 조그만 시련을 당해도 감싸주기보다는 그것을 이겨낼 힘을 길러주어야 한다.

오지탐험가이자 유엔중앙긴급대응기금 자문위원인 한비야도 이런 말을 한 적이 있다.

"스스로 자신의 한계까지 몰아붙이면서 어려움을 견뎌야 단단한 뿌리가 생겨요. 뿌리가 깊지 않으면 평생 흔들리면서 살게 되죠."

그녀는 고등학교를 졸업하고도 가난하여 여러 가지 직업을 전전하며 대학에 진학하기까지 숱한 시련을 겪어야 했다. 하지만 젊은 시절 온갖 시련과 아픔을 딛고 일어났기에 오늘날 많은 젊은이들이 닮고 싶어하는 역할모델이자 멘토가 될 수 있었다.

자녀가 이 험한 세상에서 낙오자로 살기를 바라는 부모는 없다. 그렇다면 아이를 강하게 키워야 한다. 어떤 어려움이 와도 쉽게 흔들리지 않고 꿋꿋하게 살아가도록 하기 위해서는 작은 일에서부터 혼자서 결정하고 스스로 해결할 수 있는 자립심을 길러주어야 한다.

물론 부모 눈에는 아이가 결정하고 행동하는 것이 생각 없는 모습처럼 보여 성에 차지 않을 수도 있다. 하지만 이런 과정을 거치지 않으면 아이들은 제대로 성장할 수 없다. 그러니 좀 더 여유를 가지고 아이를 지켜봐 주자. 부모가 아이의 인생을 언제까지나 대신 살아줄 수는 없지 않은가!

10 칭찬은 고래도 춤추게 하지만 아이를 멍들게도 한다

칭찬에도 요령이 있다

수학 교사인 친구가 들려준 경험담이다. 이 친구는 초등학교 5학년 1학기 때까지는 큰 도시에서 다니다가 5학년 2학기가 될 때 시골 학교로 전학을 갔다. 처음에는 도시 학교와 다른 점들이 많아서 적응하는 데 힘겨운 시간을 보냈다. 그러던 어느 날 친구는 '실과' 교과서를 가져오지 않은 것을 알고 옆 반으로 책을 빌리러 갔다. 그런데 이미 그 반은 수업이 시작되어서, 창가에 앉아있는 한 친구에게 몰래 다가가 창문을 살짝 열고 작은 목소리로 책을 빌려달라고 말했다. 그런데 친구는 "너 산수 잘한다며? 칠판에 있는 저 문제 풀어주면 실과 책 빌려줄게."라고 속삭였다. 칠판에 있는 산수 문제는 별로 어렵지 않아

얼른 대답해주었다. 그 아이가 약속대로 책을 빌려주었다. 그런데 그 순간 친구는 다른 친구들이 자기를 '산수 잘하는 아이'로 보고 있다는 사실을 알고, 이상하게 기분이 좋았다고 했다.

그리고 그날 이후부터 친구는 산수 과목이 좋아져서 열심히 공부했다. 중학교에 올라가서는 수학 과목에 더 흥미가 생겨 수업시간에 집중해서 들었고, 따로 공부하지 않아도 시험 성적도 항상 좋게 나왔다. 또한 수업시간에 이해가 되지 않는 것은 반드시 선생님께 물어 해결했다. 대학에 가서도 수학을 전공했고, 지금은 수학 교사가 되어 아이들을 가르치고 있다. 그 친구는 지금도 나를 만나면 초등학교 때의 일이 종종 생각난다고 한다.

책을 빌려준 아이가 "너 공부 잘한다며?"가 아니라, "너 산수 잘한다며?"라고 해준 한마디가 친구의 진로를 결정해 주었던 것이다. 이렇게 누군가가 막연한 칭찬이 아닌 구체적으로 해준 칭찬 한마디는 한 사람의 인생을 바꿀 수도 있다.

그러나 잘못된 칭찬은 때로 아이의 마음을 그늘지게 한다. 칭찬은 아무리 해도 과하지 않다고 믿는 부모들 중에는 자녀에게 뭐든 아낌없이 칭찬해주어야 아이가 자신감을 갖고 이 세상을 살아갈 수 있다고 믿는 것 같다. 물론 "칭찬은 고래도 춤추게 한다."는 말이 있듯이 긍정적인 면도 있지만, 잘못된 칭찬은 오히려 아이의 마음에 씻을 수 없는 상처를 주기도 한다.

성민이는 어릴 때부터 어른들의 말을 잘 들었다. 엄마가 동생을 돌보라고 할 때도 별로 싫은 내색도 하지 않고 잘 돌보았다. 그래서 주변 어른들로부터 "어쩜 너는 그렇게 동생을 잘 돌보니?"라는 칭찬을 자주 들었다. 하지만 초등학교 저학년인 성민이는 이런 칭찬을 들을 때마다 너무나 고통스러웠다. 왜냐하면 자신이 원해서 착한 행동을 할 때도 있지만, 주변의 시선이 부담스러워서 할 때가 더 많았기 때문이다.

그러던 어느 날 성민이 엄마는 아이의 일기장을 우연히 봤다가 깜짝 놀랐다.

"오늘 내 장난감을 동생이 빼앗아 갈 때 동생의 장난감이란 장난감은 모두 부수고 싶었다. 미울 때는 그 녀석을 때려죽이고 싶다."

의사표현력이 부족하거나 온순한 성격의 아이들 중에는 착하다는 칭찬을 들으면, 자기도 모르게 그렇게 해야만 한다는 부담감을 갖는 경우가 많다. 그래서 이런 부류의 아이들은 자기가 하기 싫은 일도 주변 사람들을 실망시키기 싫어서 억지로 하는 경우가 있다. 이런 일이 반복되다 보면 아이는 칭찬을 받을 때마다 스트레스를 받아서 인지적, 정서적 어려움을 겪게 되거나 심하면 정신건강에 문제가 생길 수도 있다. 따라서 아이를 칭찬할 때는 신중을 기해야 한다.

《부모와 아이 사이》의 저자 하임 기너트 박사는 아이를 칭찬할 때는 칭찬받는 이유를 분명히 말해주고, 결과보다는 과정에 대해 칭찬하라고 충고했다. 그리고 인격을 규정하는 칭찬을 하면 아이는 자신이 원하지도 않는 것을 해야 하는 부담감을 가질 수도 있기 때문에 그런 칭찬은 가급적이면 피해야 한다고 했다.

잘못된 칭찬이 잘못된 의사결정을 부른다

얼마 전 카이스트 학생들이 성적을 비관하여 잇달아 자살한 소식은 온 나라에 충격을 주었다. 자살한 학생들은 다소 예외는 있었지만 대부분이 성적이 좋지 않아 장학금을 탈 수 없게 되자 극단적인 선택을 했다고 한다. 이유야 어떻든 참으로 안타까운 일이 아닐 수 없다. 이 학생들은 우리나라의 과학계를 짊어지고 가야 할 기둥들이었다.

사실 카이스트는 이공계 대학 중 톱클래스에 있는 학교다. 이 학교의 재학생들은 어렸을 때부터 줄곧 상위권을 유지하고, 가정과 학교에서도 늘 관심을 한몸에 받을 뿐만 아니라 칭찬도 많이 받고 자랐을 것이다. 하지만 이들을 향한 칭찬이 혹시 성적에만 집중되지 않았을까? 공부를 잘했을 때만 칭찬을 듣게 되면, 이것은 오히려 아이들에게 공부에 대한 부담감과 스트레스로 작용하기 쉽다. 그 결과 이 아이들은 공부가 좋아서가 아니라 다른 사람의 이목을 만족시키기 위해 학업에 열중할 수밖에 없게 된다.

그렇게 늘 상위권 성적에 대한 칭찬을 받던 아이들이 카이스트에서 상대적으로 저조한 성적을 받게 되니 그 충격을 견뎌내기 어려웠으리라는 것은 쉽게 짐작된다. 그리고 그중에서 이것을 감당하지 못한 아이들은 자살이라는 극단적인 길을 선택한 것이다.

당신 아이들은 어떤가? 혹시 부모의 잘못된 칭찬으로 인해 원하지 않는 삶을 살고 있지는 않을까? 그리고 아이에게 이런 칭찬을 하고 있지는 않은지 되돌아보자.

"너는 어쩜 이리 양보를 잘하니? 혹시 천사 아니니?", "너처럼 착한 아이가 그런 행동을 할 리가 없지."

아이도 자기 생각이 있고 인격이 있다. 그런데 억지로 아이의 마음과 행동의 틀을 규정하는 칭찬을 하면, 아이는 부모가 암시적으로 정해준 착한 아이의 기준에 맞추어 꼭두각시처럼 행동할 수밖에 없다. 따라서 잘못된 칭찬으로 인해 아이가 고통받고 있지는 않은지 되돌아보고 지금부터라도 아이를 행복하게 하는 칭찬만 해주자.

11 습관이 의사결정능력을 결정한다

물고기를 잡아야 하는 이유까지 알려주어라

사람은 누구나 습관을 가지고 있다. 좋은 습관을 가지고 있다면 그 사람은 성공한 인생을 살 수 있으나, 나쁜 습관이 몸에 배었다면 불행한 삶을 살 수도 있다. 미국의 미래예측 전문지인 〈퓨처리스트〉의 기사에 따르면 인생에서 성공하기 위한 가장 중요한 열쇠는 '좋은 습관을 갖는 것'이라고 했다. 《무지개 원리》의 저자인 차동엽 신부도 습관이 그 사람의 인생이 된다고 하면서, 어렸을 때부터 좋은 습관을 갖게 하는 것이 무엇보다도 중요하다고 강조했다.

그러나 좋은 습관을 갖는 것은 말처럼 쉽지만은 않다. 나쁜 습관은 별로 노력하지 않아도 쉽게 만들어지지만, 좋은 습관은 짧은 시간에 형성되는 것이 아니라 여러 과정을 거쳐야 하며 꾸준한 노력과 결심으로 실행에 옮겨야 형성될 수 있다. 따라서 아이에게 좋은 습관을 심어주기 위해서는 부모의 도움이 절실하다. 그러나 더 중요한 것은 아이가 자발적으로 그러한 습관을 갖도록 도와주는 것이다.

2012년 아시아계 최초로 세계은행 수장에 오른 김용 총재도 다트머스대학 총장 시절에 학생들에게 머리만 아는 습관이 아니라 '마음의 습관'을 강조했다. 마음의 습관이란, 자기가 하고자 하는 일에 '스스로 열정을 점화시키는 습관'을 말한다. "물고기를 잡아주기보다는 잡는 방법을 알려주어라."라는 유대인 속담이 있는데, 그는 여기에서 한발 더 나아가 물고기를 잡아야 할 이유까지 아이에게 말해주라고 했다. 왜냐하면 어떤 일을 해야 하는 이유를 알고, 그것을 이해했을 때 자발적인 동기부여가 되기 때문이다.

김용 역시 어려서부터 좋은 습관을 가지려고 노력했다. 그는 어렸을 때 아버지의 훈계로 오늘 할 일을 내일로 미루는 습관을 버리게 되었고, 어머니의 충고로 시사에 관심을 갖게 되었다며 한 TV 프로그램에서 다음과 같은 일화를 소개했다.

미국에서 초등학교에 다닐 때 그는 주말에는 숙제를 미루어두었다가 일요일 저녁에 몰아서 하는 버릇이 있었다. 그런데 한번은 아버지가 일요일에 숙제를 하지 말고 금요일에 다 마무리해놓으라고 타일렀다. 하지만 노는 데 정신이 팔려 있던 김용은 당연히 숙제를 안 했고,

일요일이 되자 아버지는 숙제할 시간을 놓쳤다며 숙제를 못하게 했다. 그는 이런 일을 몇 번 겪은 후에는 미루는 습관을 버리고 주어진 일을 제때 끝내는 습관을 갖게 되었다고 한다.

또한 초등학교 때부터 김용은 어머니의 영향으로 시사 문제에도 관심을 갖고 신문과 뉴스를 보는 습관이 있었다. 어머니는 어린 김용에게 "자신만을 생각하는 이기적인 사람이 되지 말고 큰 뜻을 품고 세계를 위해 봉사하라."고 강조하면서, 이를 위해서는 뉴스와 신문을 통해 세계에 어떤 일이 일어나고 있는지 관심을 갖고 지켜봐야 한다고 했다. 그래서 그는 이때부터 전 세계에서 일어나는 일에 대해 뉴스를 통해서 접하면서, 자신이 어떻게 사회에 기여할 수 있을지에 대해 많은 생각을 하게 되었다고 한다.

그가 아버지나 어머니의 도움을 받아 이런 습관을 기르게 되었지만 또한 이를 위해 피나는 노력을 했던 것도 무시할 수 없다. 사실 김용은 숙제를 미루거나 시사에 대한 관심보다는 오락 프로그램을 보다가 여러 번 지적을 당하기도 했다. 하지만 어느 순간부터는 주어진 일을 제때 하면 그 이후 마음 편히 지낼 수 있고 시간 관리도 할 수 있다는 것을 깨닫게 되었다. 그리고 뉴스나 신문을 보는 것도 재미있다는 것을 알게 되자 어머니가 시키지 않아도 스스로 시사 프로그램에 관심을 갖게 되었다.

이렇게 어려서부터 좋은 습관을 꾸준히 실행에 옮겼기 때문에, 그는 아이비리그 대학의 총장으로 있을 때 어려운 문제를 신속하게 결정하고 실행에 옮겨 그 능력을 크게 인정받았다. 또한 시사에 관심을 갖고 전 세계에서 일어나는 일에 대해 꾸준히 지켜봤기에 세계은행 총재의 자리에 올라서도 선진국, 중진국, 개발도상국이 모두 만족할 만한 결정을 내릴 수 있었다.

두려움을 떨쳐내고 긍정하는 습관을 길러주어라

아이가 열정을 품고 새로운 습관을 만들어가는 과정에서 부딪히는 가장 큰 어려움 중 하나는 바로 두려움이다. 아이들은 아직 인지능력이 덜 발달되고 경험이 부족하기 때문에 조금만 어려움이 와도 자기가 결심한 것을 실천하기 어려워할 수도 있다. 두려움은 아이들의 기를 꺾어서, 그들이 상상해낸 열정의 씨앗을 제대로 발아시키지 못하게 만들어버린다.

아이들이 느끼는 두려움은 어른과 비교할 때 그 수준과 정도가 다르다는 것을 부모들은 명심하고 있어야 한다. 부모가 보기에는 하찮아 보이는 걱정거리들도 아이들은 자신의 운명을 좌우할 만큼 중대한 문제로 여길 수 있다. 특히 내성적인 아이들은 또래들과의 관계와 그들이 자신을 어떻게 생각하는가 하는 문제에 극도로 민감하다. 그렇기 때문에 친구들에게 이상하게 보여 놀림을 받지 않을까 하고 지나치게 염려해서 원하는 일을 선뜻 하지 못하는 경우가 많다. 혹은 계획한 일이 잘 되지 않았을 때 어른들에게 질책을 받을까 봐 몹시 두려워하기도 한다.

이처럼 다른 사람과의 관계에서 아이들이 느끼는 두려움은 부모가 상상하는 것보다 훨씬 더 커서, 낯설거나 익숙하지 못한 일에 대한 도전을 시도조차 꺼리는 요인으로 작용하기도 한다. 그러므로 부모는 우선 아이들에게 두려움의 실체를 명확히 파악하게 해야 한다. 그리고 두려움과 열정적인 행동 간의 관계를 재조정해줌으로써 아이가 두려움을 극복하고, 매사를 긍정적으로 보는 습관을 길러주어야 한다.

미국 항공우주국의 화성탐사선 '스피릿호' 개발의 주인공으로 화제가 된 정재훈 박사는 '성공은 인생의 정점에 오르는 것이 아니라 과정'이라고 했다. 그는 아무리 어려워도 두려움보다는 긍정적인 마음을 갖기로 결심하고 이를 습관이 될 때까지 실천하면 못할 일이 없다고 강조했다.

따라서 자녀가 일회적 성공이 아닌 더 크고 지속적인 성공을 하길 원한다면, 아이의 마음속에 긍정의 습관이 굳건히 자리 잡도록 도와주어야 한다. 정재훈 박사는 그의 긍정의 습관 뒤에는 어려운 형편 속에서도 위축되지 않도록 긍정의 힘을 길러준 자신의 어머니가 있었음을 잊지 않았다.

아이에게 좋은 습관을 갖게 해주는 것은 당장 영어 단어 몇 개를 외우게 하거나 수학 문제 몇 개를 풀게 하는 것보다 훨씬 더 중요하다.

한번 몸에 밴 습관은 좀처럼 고치기 힘들기 때문이다. 그러므로 아이에게 좋은 습관을 길러주기 위해서는 무엇보다 두려움을 이겨내고 긍정하는 마음을 길러주는 데 최선을 다해야 한다.

12 아이가 실패할 때 축하해주어라

실패를 겁내지 않는 아이로 키워라

미국 텍사스 주에는 이런 속담이 있다. "젖소를 잃어버리지만 않는다면 아무리 우유를 많이 엎질러도 괜찮다." 이 속담에는 심각한 것이 아니라면 어느 정도의 실수는 이해하고 격려해주라는 의미가 담겨 있다.

아이들이 스스로 결정해서 뭔가를 시도하다 실패할 때마다 지적하거나 혼내면 매사에 주눅이 들어 자존감이 낮은 아이가 되기 쉽다. 이런 아이는 새로운 시도를 하는 대신 늘 틀에 박힌 일상적인 행동만 하려고 할 것이다.

그런데 유대인들은 아이들의 실수를 오히려 격려한다고 한다. 아이가 실수하는 것은 성장 과정에서 자연스럽게 겪게 되는 일이라고 생각하고, 오히려 실수할 때마다 칭찬해주는 것이다. 오늘날 유대인들이 전 세계적으로 각 방면에서 리더로 활약하는 것은 어려서부터 실수와 실패에 대해 관용적인 문화 때문일지도 모른다.

부모라면 누구나 자녀가 창의력이 풍부하고 자존감이 높은 아이로 자라기를 바랄 것이다. 그렇다면 유대인처럼 아이가 실수나 실패를 할 때 야단치기보다는 오히려 축하해주고 격려해주면 어떨까? 그러면 아이들은 지난번의 실패를 밑거름 삼아 좀 더 신중하게 도전하여 좋은 성과를 내려고 노력할 것이다.

사실 그 어디에도 실패 없는 성공이란 없다. 흔히 우리는 '실패는 성공의 어머니'라는 말을 하는데, 에디슨보다 이 말이 어울리는 사람이 있을까? 세계적인 발명가인 에디슨은 한 번의 성공을 위해서 무려 천 번에 가까운 실패를 했다고 솔직하게 고백한 적이 있다. 그의 숨은 노력을 모르는 사람들은 원래 에디슨이 천재니까 세계적인 발명가가 될 수 있었다고 쉽게 단정 짓겠지만, 그 영광 뒤에는 숱한 실패가 있었다는 것을 잊지 말아야 한다.

실패는 성공으로 향하는 징검다리다

〈오페라의 유령〉과 〈에비타〉를 연출한 미국 브로드웨이의 전설적인 감독 해럴드 프린스는 언론과의 인터뷰에서 "지금의 나를 만든 건

내가 저지른 실수 때문이에요. 실패를 해봐야 생각을 다듬을 수 있기 때문이죠."라고 했다.

부모라면 이 말을 명심해야 한다. 실패는 결코 잘못된 것이 아니다. 오히려 반드시 경험해야 하는 필수 코스다. 수많은 실패를 통해 아이들은 도전 정신을 배우고, 실패하지 않기 위해 어떻게 해야 하는지 깨달을 수 있다. 따라서 아이가 좀 더 적극적으로 이 세상의 중심에서 창의적인 리더로 성장하길 바란다면, 아이에게 무조건 성공을 강요하기보다는 실패해도 좋으니 마음껏 자신의 능력을 발휘해 보라고 격려해주어야 한다.

한강을 무대로 환경오염에 대한 폐해를 고발한 영화 〈괴물〉로 제5회 대한민국 영화대상 감독상을 탄 봉준호 감독은 수상소감에서 "무엇보다 자유롭고 엉뚱하게 클 수 있도록 키워준 아버지에게 감사합니다."라고 밝혔다. 실제로 그의 아버지는 무엇이든 시도하라고 격려해주었고, 어떤 엉뚱한 생각 끝에 내린 결정이라도 반대하지 않았다고 한다. 이런 아버지가 있었기에 봉 감독은 자신의 무한한 잠재력을 발휘할 수 있지 않았을까?

박찬욱 영화감독도 젊은 시절 거듭된 실패를 맛보았지만 좌절하지 않고 계속해서 자신이 선택한 길을 포기하지 않고 달려갈 수 있었던 것은, 실패에 대한 두려움이 없었기 때문이라고 말한 적이 있다. 그의 집의 가훈은 '안 되면 말고!'라고 한다. 이 가훈이 말해주듯이 박 감독은 많은 실패를 거듭했지만, 그것을 성공으로 가는 징검다리로 삼았을 뿐만 아니라 자기만의 독창적인 영화 세계를 개척하는 계기로 만들었다. 그리고 그는 2004년 〈올드보이〉로 57회 칸 영화제에서 심사위원 대상을 받는 쾌거를 달성했다.

다시 한번 강조하지만 작은 실수도 용납하지 않는 가정에서 자란 아이는 늘 긴장하면서 살기 때문에, 사고가 경직되고 위축되어 자신의 능력을 제대로 발휘할 수 없다. 이런 아이에게 창의력을 발휘하여 바람직한 의사결정을 하도록 기대하기는 어렵다.

우리나라 아이들이 좀 더 창의적으로 생각하고 자신의 의사를 분명히 표현하도록 하려면 무엇보다도 가정에서부터 실패를 너그럽게 받아주고 격려하는 분위기를 만들어주어야 한다. 어른도 때때로 실패하는데, 아직 성장 과정에 있는 아이는 얼마나 실수와 실패를 하겠는가? 아이가 창의적으로 생각하고 의사결정을 잘하기를 바란다면 실수와 실패를 하더라도 유대인처럼 칭찬해주는 것이 어떨까? 그것이 어렵다면 야단치기보다는 좀 더 너그럽게 용인해주자. 아이들은 이런 경험을 바탕으로 실패를 딛고 성공의 길로 한발 더 나아가게 될 것이다.

13 승부 근성이 있어야
의사결정도 잘한다

자기와의 싸움에서 이긴 싸이와 김연아

2012년은 싸이의 해라 불릴 만큼 싸이의 열풍이 거셌다. 그의 대표곡 '강남스타일'의 뮤직비디오가 유튜브 최다 조회 기록을 경신했다. 또한 영국, 호주, 중국을 비롯한 전 세계 수십 개 국가 음악 차트에서 1위를 달성했고 미국 빌보드 차트 7주 연속 2위에 오르는 기염을 토했다.

그뿐인가! 강남스타일의 패러디 동영상을 올리는 것이 전 세계 젊은이들 사이에서 유행처럼 번져나가고 있으며, 싸이의 말춤은 거의 광풍에 가까울 정도로 급속하게 유행하고 있다. 얼마 전 미국 백악관에서도 싸이가 강남스타일을 공연했는데, 그때 오바마 대통령이 말춤을

출 것인지가 세계 언론의 톱이슈가 되기도 했다.

그런데 재미있게도 싸이는 한 언론과의 인터뷰에서 왜 자신이 전 세계적으로 인기를 얻고 있는지 얼떨떨하다고 했다. 강남스타일이 유행하기 전, 그는 우리나라에서조차 뛰어난 외모와 현란한 춤 실력을 갖춘 아이돌 가수에 밀려 점점 퇴락하는 가수에 불과했다.

그럼에도 그는 가수의 길을 포기하거나 아이돌 가수 틈바구니에서 단지 살아남기 위한 곡에 눈을 돌리지 않았다. 오히려 가수로 데뷔할 당시처럼 '초심'으로 돌아가기 위한 노력 끝에 강남스타일이라는 곡을 부르게 된 것이다. 그리고 그의 초심은 다름 아닌, 유행이나 인기에 매몰되어가던 음악 풍조에서 벗어나 자신의 순수한 음악 색을 살려서 듣는 이를 즐겁고 신나게 만들어줄 노래를 하자는 것이었다.

이러한 근성과 뚝심으로 그는 아무도 알아주지도 않는 길을 당당히 가기로 결정하고 강남스타일에 자신의 혼을 불어넣었다. 이때 주위에서는 그의 결정에 대해 우려를 나타내거나 시대에 뒤처진다는 충고를 했다고 한다. 하지만 그는 이에 아랑곳하지 않고 자신의 결정을 밀고 나가는 굳센 추진력으로 마침내 아무도 예상하지 못한 일을 해냈다.

싸이 못지않게 얼마 전에는 전 세계의 스포트라이트가 대한민국의 한 여인에게 집중되었다. 그녀는 바로 한국 피겨 스케이터의 요정 김연아다. 그녀는 2010년 밴쿠버 동계올림픽에서 쇼트 프로그램 78.50점, 프리 스케이팅 150.06점, 총점 228.56으로 세계 최고 기록을 경신하여 대한민국은 물론 전 세계인에게 큰 감동을 주었다.

하지만 김연아는 세계 최정상에 오른 후에 갑자기 기량이 떨어지기 시작하여 점점 잊혀져가는 선수가 되었다. 그녀는 2010 밴쿠버 올림픽 이후 피겨 선수로서 어떤 목표를 찾기 어려웠고, 국민과 팬들의 관심과 애정은 더 커져가 하루만이라도 그 부담감에서 벗어나는 것이 소원이라고 할 정도로 선수 생활을 지속하는 것에 대해 갈등해왔다.

그러나 이런 방황도 잠시, 그녀는 다시 태릉선수촌에서 후배들과 함께 연습을 하면서 새로운 자극과 동기부여를 받고 2014년 소치 올림픽까지 선수생활을 지속하겠다고 선언했다. 그리고 1년 8개월 만의 복귀전이었던 2012년 12월, 'NRW 트로피'에서 변함없는 기량으로 200점대를 넘겨 소치 올림픽 전망을 밝게 해주었다.

대중가수로서 지는 해였던 싸이, 밴쿠버 올림픽 이후 방황의 시기를 겪으면서 급격히 기량이 떨어졌던 김연아. 이 두 젊은이가 보여준 포기하지 않는 도전과 꿈을 향한 열정의 위력은 정말 감동적이었다. 그들은 주변의 시선이나 재기할 수 있을까라는 불안감에 위축되기보다는 초심으로 돌아가서 다시 시작하기로 결정하고 과감하게 자신의 길을 갔기에 우리에게 주는 감동이 그만큼 큰 것이다.

아이가 하고 싶은 일에 올인하게 하라

싸이와 김연아가 이렇게 자기의 길을 올곧게 갈 수 있었던 원동력은 무엇일까? 그것은 자기 일에 대한 지극한 애정에서 비롯되었다고 생각한다. 강남스타일로 월드스타로 도약하기 전에도 싸이는 무대에 설 때마다 사전에 공연장의 위치, 무대의 동선, 음향, 백댄서의 움직임 등을 일일이 체크하고 만족할 때까지 리허설을 하는 것으로 유명했다.

김연아 역시 싸이 못지않게 자기 자신에게 철저했다. 대회에 나가기 전에 그녀는 최고의 기량을 선보이기 위해 점프 하나를 하더라도 수십 번씩 연습을 했다. 엉덩방아도 찧고, 때로는 과도한 연습으로 허리 부상까지 당했지만 병상에서도 이미지 트레이닝을 쉬지 않았다고 한다.

지금 당신의 자녀는 자기 일에 열정을 불태우고 있는가? 그것이 공부든, 운동이든, 예술 활동이든 최선을 다하고 있는가?

그러나 여기서 한 가지 명심해야 할 것이 있다. 아이에게 부모의 소망을 대신 이루어주길 바라서는 안 된다. 부모가 이루지 못했던 법조인의 꿈을 아이에게 강요하고 있지는 않은가? 의사가 못 된 한을 아이가 대신 풀어주길 바라며 초등학생에 불과한 아이에게 의대에 진학하라고 세뇌시키고 있지는 않은가? 그러나 그것은 부모의 꿈이지 자녀의 꿈은 아니다. 설령 부모의 꿈을 대신 이루었다고 해서 아이가 행복하겠는가?

싸이와 김연아가 자기 일에 대한 애정이 없었다면 어떻게 됐을까? 아마 한때 정상에 올랐다가 끝없는 추락을 거듭하고 있는 수많은 스타들의 대열에 합류했을지도 모른다. 하지만 이 두 사람은 자신의 일을 너무나도 사랑하여 어떤 어려움에도 좌절하지 않고 최선을 다했기에 수많은 난관을 극복하고 오롯이 자기의 길을 갈 수 있었다.

아이에게 행복과 성공이라는 두 마리 토끼를 잡게 하고 싶은가? 그렇다면 자신이 하고자 하는 일을 스스로 결정하고 거기에 올인할 수 있도록 격려해주자. 그러면 언젠가는 자신의 분야에서 싸이와 김연아 이상의 행복한 성공을 거둘 날도 멀지 않을 것이다.

Part 3

내 아이의
의사결정능력 키우기

14 의사결정능력을 키우려면 선택권을 주어라

아이의 선택권을 빼앗지 마라

"엄마, 오늘 치마 입을까요, 바지 입을까요?"

"강아지는 무슨 색으로 칠해요?"

"밥 대신 햄버거 먹으면 안 돼요?"

이처럼 사소한 것도 스스로 결정하지 못하고 부모에게 도움을 요청하는 아이들이 요즘 많아지고 있다. 하지만 이럴 때마다 아이 스스로 선택하고 결정할 일을 부모가 대신해주는 것은 아이에게서 최소한의 선택권조차 빼앗아 버리는 일임을 알아야 한다.

물론 아이들은 스스로 판단할 사고능력이 부족하기 때문에 부모에게 의존하는 시기를 거치게 된다. 따라서 부모에게 어느 정도 의존하는 것은 당연하다. 하지만 성장하면서 자기 생각이나 원하는 것을 분명히 말하고 어떤 일을 할 때 여러 상황을 고려해 결정하며, 다른 사람과 의견을 조율해 나가는 능력을 키우지 못하면 어떻게 될까? 아마 그 사람은 간단한 일도 원활하게 처리하지 못하는 무능력자가 될 것이다.

일반적으로 혼자서는 어떤 일도 제대로 하지 못하는 아이는 부모와 같이 있을 때는 별문제가 없지만, 유치원이나 학교에 가게 되면 자신의 의견을 제대로 말하지 못하여 또래 관계에서부터 문제가 발생한다. 그러므로 아이의 성향을 잘 파악하여 어렸을 때부터 의사결정능력을 키워주어야 한다.

예를 들어 아이에게 필요한 장난감을 구입해야 할 때 아이를 데리고 완구점에 가서 원하는 것을 직접 고르게 해보자. 이런 간단한 선택조차 해본 적이 없는 아이가 유치원에서 무엇을 하고 놀 건지, 자기가 어떤 역할을 할 것인지 결정하지 못하는 것은 당연하다. 그러면 친구들에게도 답답한 아이 또는 이상한 아이로 낙인찍혀 소외당하기 쉽다. 이를 미연에 방지하려면 아이가 스스로 선택하고 의사를 표시하는 능력을 길러주어야 한다.

물론 아이가 판단하고 행동할 영역은 나이에 따라 많은 영향을 받는다. 따라서 성장 단계에 맞게 감당할 수 있거나 그것보다 약간 더 어려운 일을 맡겨서 스스로 해결하는 연습을 시켜야 한다. 처음에는 힘들어할지 몰라도 몇 번 시행착오를 겪다 보면 혼자 힘으로 판단하고 결정하는 일도 점점 더 자신감을 가지고 하게 될 것이다.

기다려라, 의사결정할 것이다

부모의 역할 중 가장 중요한 것은 아이가 자기 인생을 스스로 살아가는 방법을 가르치는 것이다. 아이가 자기 힘으로 판단하고 결정할 능력을 키워주기 위해서는 충분히 기다려주어야 한다. 가령 아이가 신중한 성격이어서 결정을 내리는 데 오래 걸리거나 어떤 문제를 다른 사람과 토론하느라 시간이 지체되더라도, 부모가 중간에 끼어들어 대신 결정해주지 말아야 한다. 다만 아이 스스로 판단을 내릴 때까지 참고가 될 만한 경험을 여러 가지 상황에 대비해 이야기해주면 된다.

학교에 가는 아이가 여름에 부츠를 신고 간다고 할 때 어떻게 하겠는가? 절대로 안 된다고 하고 다른 신발을 신겨서 보내려고 하지 않는가? 하지만 그 상황에서 학교에 가는 것보다 더욱 중요한 것은 아이가 스스로 판단하는 능력을 기르는 것이다. 그래서 왜 겨울용 부츠를 신고 나가려고 하는지에 대해서 아이의 의견을 물어보고 여름에는 샌들을 신어야 하는 이유를 납득이 가도록 설명해주는 것이 바람직하다.

만약 아이가 엄마가 권해주는 샌들을 신지 않고 자기 고집대로 겨울용 부츠를 신고 학교에 가고자 한다면 허락해주는 것이 좋다. 그러면 아이는 여름에 부츠를 신고 갔다가 발에 땀이 나서 고생하거나 친구들에게 놀림을 당할 수 있다는 사실을 알게 되어, 다음부터는 자기 고집대로 하지 않고 심사숙고하여 결정할 것이다.

아이의 자립심을 키워주기를 원한다면 부모가 나서서 아이의 대변인이나 해결사가 되려고 해서는 안 된다. 물론 아이가 아직 어릴 때는 부모가 이것저것 많은 것들을 챙겨주어야 하지만, 자기 스스로 생각하고 의사표현을 할 수 있는 시기가 되면 부모의 역할도 마땅히 바뀌어야 한다. 이때는 아이의 선택과 결정에 조언을 해주는 역할만으로도 충분하며 그 이상 개입하는 것은 간섭일 뿐이다.

15 아이의 선택을 존중하라

세 살짜리 아이도 선택하기를 원한다

어른과 마찬가지로 아이도 자신이 스스로 통제할 수 있다고 느끼는 환경에서 더 자신감을 갖는다. 세 살짜리 아이도 자신의 생활을 스스로 통제하고 싶어한다. 그렇다고 어린아이에게 모든 것을 맡길 순 없다. 바지를 입기 싫어하는 깃이야 어쩔 수 없지만 운진 중에 카시드에 앉는 대신 운전석 옆자리를 고집하는 것은 문제가 된다. 그러나 엄마가 나서서 아이 대신 결정을 내려야 할 때에는, 아이가 엄마의 결정을 통해 교훈을 얻을 수 있도록 그 이유를 친절하게 설명해주어야 한다. 대개 아이들은 자신의 선택을 도와주는 믿음직한 사람이 있다고 생각하면 안정감을 느끼고 자신 있게 의사표시를 한다.

그런데 여기에서 주의할 점이 있다. 아이가 선택한 것이 다소 한심해 보여도 핀잔을 주거나 놀리지 말아야 한다. 대부분의 아이는 자신이 선택한 것에 대해 나쁘게 평가하면 자신감을 잃고 자신의 판단과 결정을 의심하게 된다. 그래서 아이의 결정이 좀 엉뚱한 면이 있더라도 가능하면 진지하게 받아주어야 한다. 비록 잘못된 선택으로 인해 결과가 좋지 않더라도, 아이는 이런 경험을 통해 좀 더 신중을 기해 선택하는 법을 배우게 된다. 그리고 자기 생각을 자유롭게 표출하고 주도적으로 그 일을 해나가는 과정에서 상상력과 창의력까지 기를 수 있다.

우리 주변에는 아이에게 선택권을 주어 의사결정능력을 향상시킬 수 있는 것들이 매우 많다. 가령 음식, 의복, 놀이 활동 등에 대해 아이에게 선택권을 주면, 아이는 자기가 원하는 것을 신중하게 고려하여 가장 마음에 드는 것을 선택하기 위해 노력할 것이다.

그럼에도 아이는 부모의 요구가 납득이 안 되면 따지고 드는 경우가 종종 있다. 그때는 아이와 말다툼을 피하고, 한발 물러서서 아이가 차분히 자신의 마음을 추스를 때까지 기다려주는 것이 좋다. 그렇다고 아이에게 의사결정 과정에 참여할 기회를 주지 말라는 것이 아니다. 부모가 가르치고자 하는 내용이 아이에게 이미 초미의 관심사가 된 것을 알면서도 설명을 늘어놓는 것은 바람직하지 않다는 말이다.

오늘의 나쁜 선택이 내일의 덜 나쁜 선택이 된다

아이에게 선택의 기회를 주면 때로 문제가 생길 수 있다. 그럼에도 아이가 선택을 잘못했을 때 일어날 수 있는 최악의 상황이 무엇인가를 한번 생각해보고, 그 결과가 아이에게 큰 문제가 되지 않는다면 아이 스스로 결정하게 해주는 것이 좋다.

예를 들어 아이가 학교에 갈 때 평소에는 버스를 타고 갔는데 걸어 가겠다고 하면 어떻게 해야 할까? 더군다나 비까지 오는데 말이다. 그럴 때는 무조건 버스를 타고 가야한다고 강요하기보다는, 아이의 요구를 수락하면 어떤 일이 일어날지 곰곰이 생각해 볼 필요가 있다. 기껏해야 옷과 신발이 젖을 뿐이다. 날씨까지 추우면 아이가 감기에 걸릴 수 있다. 감기 정도야 견딜 수 있다고 판단되면 아이에게 학교에 걸어 가도록 허락해주어도 괜찮다.

아이의 선택능력과 책임감을 길러줄 수 있는 좋은 방법 중 하나는 학교에 가기 전 과제물과 준비물을 미리 챙기게 하는 것이다. 이렇게 경고했음에도 아이가 그것들을 챙겨가지 않으면 학교에 가져다주지 말아야 한다. 아이는 이런 경험을 통해서 준비물을 그날 저녁에 미리 준비해두는 것의 중요성을 깨닫게 된다. 그리고 학교에 다닐 때부터 미리미리 준비하는 것의 중요성을 경험해야 커서도 아무리 바쁘고 힘들더라도 다음 날 업무에 필요한 일을 뒤로 미루는 버릇을 들이지 않을 것이다.

이와 같이 아이가 감당할 수 있는 정도의 선택권을 허용해주면, 선택능력뿐만 아니라 책임감까지 길러줄 수 있다. 하지만 아이의 잘못된 판단이 크게 문제가 될 소지가 있을 때는 적극적으로 개입해야 한다.

예를 들어 인터넷 게임을 과도하게 한다든지, TV를 장시간 볼 때는 중독의 위험이 있으므로 아이를 제재하고 그 이유를 설명해주어야 한다. 그런데 이런 경우에도 가능하면 아이가 스스로 판단하고 결정할 수 있도록 도와주는 것이 바람직하다.

16 올바른 선택의 과정을 가르쳐라

저절로 선택능력이 길러지는 것이 아니다

일생을 살아가면서 우리는 식사 메뉴를 선택하는 것과 같은 자질구레한 일부터 직장을 고르고 배우자를 선택하는 등의 아주 중요한 일까지 의사결정을 해야 한다. 어릴 때는 문제해결을 위한 선택이나 결정을 부모가 대신해주지만 성장할수록 아이가 선택하는 폭은 넓어지기 마련이다.

그러나 아이가 저절로 선택능력을 기를 수 있는 것은 아니다. 모르는 것을 배울 때는 그만큼 시간과 노력이 필요하다. 처음에는 선택하고 결정하는 것이 미숙할지라도 자주 하다 보면 조금씩 그 능력이 개선될 뿐만 아니라, 자신이 선택한 것을 평가하는 안목도 기르게 된다.

또한 선택은 현재뿐 아니라 미래에도 지속적으로 영향을 미치므로 아이에게 신중히 선택하는 습관을 길러주어야 한다. 순간의 감정이나 다른 사람의 말에 현혹되어 자신에게 미칠 영향을 깊이 생각해보지 않고 선택한다면 나중에 후회하게 될 것이다.

그럼에도 아이들은 아직 판단력을 주관하는 인지기능이 미숙하기 때문에, 한동안은 심사숙고하기보다는 즉흥적으로 또는 감정적으로 판단하는 경우가 많다. 그때도 인내심을 가지고, 아이에게 다르게 선택했다면 어떤 결과가 나왔을지 예측하게 해야 한다. 좀 더 복잡한 결정을 내릴 때는 종이에 생각나는 선택사항들을 모두 작성하게 하고 그중에서 가장 알맞은 방안을 선택하게 하자.

콩나물을 길러본 사람은 알겠지만, 콩나물에 물을 준다고 해서 그 물이 콩나물에 모두 흡수되는 것은 아니다. 그럼에도 콩나물은 자기에게 필요한 물은 잘 흡수해서 무럭무럭 자라난다. 이와 마찬가지로 아이들에게 꾸준히 스스로 선택하고 결정할 기회를 주면 어느 순간 놀라울 정도로 의사결정능력이 좋아질 것이다.

일상생활에서 아이에게 어떤 일을 결정하기 전에 심사숙고하는 능력을 길러주기 위해서는 어떻게 해야 할까? 여러 가지 방법이 있겠지만 무엇보다도 다음 네 가지 기본적인 사항을 실천하는 것이 좋다.

선택능력을 키워주는 네 가지 방법

첫째, 선택하기 전에 다양한 선택 사항에 대해 심사숙고하는 것을 가르치자. 이때, 특정한 것을 선택하라고 직접 지시하는 것보다는 "다른 것을 선택할 생각은 해봤니?"라는 질문을 해서 바람직한 선택이 무엇인지 스스로 생각할 기회를 주는 것이 좋다. 그리고 한걸음 더 나아가서 선택의 결과에 대해 아이에게 말해줄 필요가 있다. 잘못된 선택을 한 경우에도 꾸중하거나 비난하기보다는 다른 선택을 했더라면 좀 더 나은 결과를 얻었을 것에 대해 생각해보라고 조언해주는 것도 좋은 방법이다.

그 후 "다음에는 어떤 선택을 할 거니?"라고 질문을 하여 앞으로 더 나은 선택을 하도록 이끌어주어야 한다. 어떤 것을 선택하기 전후에 그 선택을 지지하고 격려해주면, 아이들은 자신의 선택과정과 그 결과에 대해서도 진지하게 생각하기 시작할 것이다.

둘째, 잘못된 선택을 했을 때 그에 대한 대처능력을 길러주자. 성인인 부모도 일상생활에서 늘 좋은 선택만 하는 것이 아니라 나쁜 선택을 할 수도 있다. 부모로서 아이 앞에서 항상 좋은 결정을 하여 모범이 되는 것은 아니다. 그렇지만 부모는 자신의 경험을 통해 좋은 선택을 할 수 있도록 아이 곁에서 도울 수 있다.

때로는 부모인 당신도 잘못된 선택을 해서 고생했던 일을 말해주는 것도 좋다. 어렸을 때 길을 잃어 집을 못 찾아 울었던 일, 학교 가기 전날 미리 준비물을 챙기라고 했는데 미루다가 다음 날 준비물을 가지고 가지 않은 일, 저녁 식사 후에 초콜릿을 습관적으로 즐겨 먹다가 치아가 상한 일 등을 솔직하게 말해주어서 아이가 같은 실수를 반복하지 않게 해야 한다. 또한 실수했을 때 그에 대한 대처방법을 생각할 수 있는 시간을 주는 것도 필요하다.

셋째, 어떤 일을 해도 되고 안 해도 되는 애매한 상황에서 의사결정을 후회 없이 하는 방법을 가르쳐야 한다. 이런 상황에서 의사결정을 잘하기 위해서 아이에게 친구들이 어떻게 의사결정을 하는지 관찰하게 하는 것도 도움이 된다.

예를 들면 아이들은 선생님에게 벌을 받을 것이 뻔한 상황에서도 정직하게 진실을 말하는 친구들의 선택과정을 통해서 올바른 의사결정을 배울 수 있다.

넷째, 좋은 선택을 했을 때는 계속 그런 선택을 할 수 있도록 격려해 주고, 나쁜 선택을 했을 때는 적절한 제재를 가해야 한다. 칭찬과 격려는 계속해서 더 좋은 선택을 할 수 있도록 내적 동기를 부여해준다. 가령 예정된 시간에 숙제를 다 하겠다고 결심하고 지속적으로 실천했을 때, 그 노력에 대해 칭찬을 해주면 아이들은 더욱 자신의 결심을 실행에 옮기려고 할 것이다.

한편, 아이들은 이런저런 이유로 좋지 않은 선택을 할 수도 있다. 예를 들어 또래 아이들의 압력이나 충동에 이끌려 바람직하지 못한 결정을 할 때도 종종 있다. 이럴 경우는 다시는 그런 선택을 하지 않도록 가르쳐야 한다. 필요하면 제재를 가할 수도 있는데 그럴 경우에는 신중한 접근이 필요하다. 또한 체벌이나 훈육을 할 때는 먼저 아이와 충분히 대화를 하고 왜 그 결정이 부적절한지, 그리고 그런 선택과 행동을 하지 않았다면 어떻게 됐을지 스스로 생각할 기회를 주어야 한다. 이러한 과정이 없는 체벌이나 훈육은 아무런 소득 없이 끝나는 경우가 많으며 오히려 아이들에게 반발심만 불러일으키게 된다.

17 아이를 꼭두각시로 만들 셈인가?

아이를 내버려두어라!

초등학교 3학년에 다니는 지연이는 언제나 엄마를 훌륭한 사람이라고 생각한다. 엄마는 학교에서 지연이에게 숙제로 내준 그림 그리기나 글짓기도 대신해준다. 어제는 여름방학 숙제로 내준 풍경화도 그려주었다.

지연이가 엄마 옆에서 하는 일은 단 한 가지다. 엄마가 대신 숙제해주는 모습을 지켜보는 것 말이다. 엄마는 그림을 그리면서 바다 색칠은 이렇게 하고, 글을 쓰면서도 개요를 먼저 작성한 후 논리적으로 써야 한다는 등 지연이에게 끊임없이 잔소리를 늘어놓는다. 지연이는 엄마 곁에서 고개를 끄덕이거나 조그마한 목소리로 "좋아요."라고 대답한다. 그러면 어느새 지연이 엄마는 그림을 다 그리고 글도 대신 써주는 마술을 끝낸다.

엄마가 대신해준 과제로 지연이는 담임 선생님에게 잘했다고 칭찬을 받거나 아이들 앞에서 상장을 받을 때가 많았다. 하지만 그때마다 창피함과 함께 양심의 가책이 몰려와 지연이는 마음속으로 '엄마가 해준 건데' 하고 외쳤다. 그리고는 아이들 몰래 눈물을 닦곤 했다. 지연이 엄마는 딸아이를 위해서 해주는 일이라고 생각하겠지만 실제로는 지연이의 재능과 의사결정능력이 자랄 기회를 가로막고 양심의 가책까지 받게 했다.

이는 비단 지연이의 문제만이 아니다. 요즘 들어 사랑이란 미명 아래 아이들을 과잉보호하는 것을 넘어 지나치게 간섭하는 부모들이 늘어나고 있다. 아예 자녀를 부모의 꼭두각시 인형처럼 만들어야 직성이 풀리려나 보다. 정말 그 끝이 보이지 않는다. 그러면 언제 자녀가 자신이 가진 능력을 발휘하여 독립된 인격체로 성장할 수 있겠는가? 이런 가정에서 사란 아이들이 소극적이고 자신감이 부족하며 스스로 결정하는 능력이 약할 수밖에 없는 것은 너무나 당연하다.

그렇다면 아이의 일상에 지나치게 개입하지 않고 의사결정능력을 키워주기 위해서는 어떻게 해야 할까? 이에 관해 다음 네 가지 사항을 먼저 실천해보자.

일상에서 의사결정능력을 키워주는 네 가지 방법

첫째, 상과 벌의 선택을 자녀가 결정하도록 맡기자. 잘했을 때는 상으로 아이가 원하는 것을 선택하도록 해주자. 가령 성적이 오를 경우 자유 시간 주기, 선물 사주기, 놀이동산 가기 등을 정하게 해주자. 그러나 엄마 말을 안 듣거나 동생하고 싸우는 등 말썽을 피웠을 때는 반성문 쓰기, 자유 시간 줄이기, 외출 금지 등의 체벌 선택권을 주자.

어느 유명 연예인의 아버지는 어린 시절 벌로 '책을 읽고 그 줄거리를 요약하기', '손들고 서 있기', '심부름하기' 등 다양한 선택을 하게 했는데, 그녀는 그때마다 책 읽고 요약하기를 했다고 한다. 그러다 보니 나중에는 책 읽는 습관을 갖게 되어 연예활동을 하는 데도 큰 도움을 받을 수 있었다며 아버지께 감사해 했다.

둘째, 공휴일의 스케줄을 모두 자녀들이 짜게 해보자. 격주제로 시행하던 놀토가 이제 매주 토요일로 확대되었다. 그런데 이 제도가 시행된 지 얼마 되지 않았지만 벌써 아이들과 엄마의 갈등이 심해지고 있는 것 같다. 물론 학교나 지방자치단체에서 '토요 특별학습교실'을 만들어 나름대로 방안을 찾고 있지만 엄마들은 걱정이다. 다른 집 아이들은 모자란 과목의 과외를 받거나 특별 학습을 하는 등 난리인 것 같은데 자기 집 아이들만 뒤처지는 것은 아닐까 해서 불안하기 때문이다.

그러나 이 시간을 아이의 의사결정능력을 키워주는 기회로 삼으면 어떨까? 가령 부모가 원하는 것을 무조건 시키기보다는 토요일과 일요

일을 어떻게 알차고 슬기롭게 보낼 것인가에 대해 직접 계획해보라고 권해보자. 아이들에게 믿고 맡기면 생각 이상으로 멋진 계획을 세울지도 모른다. 비록 한 번에 성공하지는 못하더라도 스스로 결정하는 과정에서 아이들은 성취감을 맛보고 의사결정능력도 기를 수 있다.

셋째, 서점에 가서 부모가 원하는 책이 아니라 아이가 읽고 싶은 책을 마음껏 사게 하자. 책 욕심에 고리타분한 위인전이나 어려운 과학책을 사준다고 해서 아이가 읽으란 법은 없다. 오히려 책에 대한 흥미를 떨어뜨릴 수 있다. 그러나 자신이 원하는 책을 사게 하면 책을 고르는 안목도 좋아지고 또한 독서를 통해 사고력과 집중력이 높아질 것이다.

넷째, 친구들과 다투었을 때 화해할 기회를 갖게 하자. 학교나 동네 친구들과 놀다 보면 때때로 말싸움을 하거나 주먹질을 주고받을 수도 있다. 그럴 때 아이를 혼내기보다는 위로해주고, 왜 그럴 수밖에 없었는지에 대해 자상하게 물어보자. 그리고 "네가 그런 행동을 할 때 그 친구 입장이라면 너는 기분이 어떻겠니?"라고 자연스럽게 물어보고, 친구의 처지를 생각해보는 기회를 주자. 그러면 그 친구와 다투기 전보다 훨씬 더 친밀해져서 서로 도움을 주고받는 평생지기가 될 수도 있다.

18 스스로 해결은 보약,
부모의 지나친 개입은 마약

아이의 일에 함부로 개입하지 마라

내가 재직하고 있는 학교와 자매결연을 맺은 일본 고후 시에 있는 이즈미유치원에서는 아이들이 말다툼하거나 싸울 때도 신체적으로 위험하다고 판단하기 전까지는 교사들이 개입하지 않는 것이 규칙이라고 한다. 이 유치원의 이와타 원장님은 아이들이 싸우거나 다투는 과정에서 상대방의 입장을 이해하고 문제를 해결할 수 있는 능력과 함께 의사결정능력을 기를 수 있다고 생각하여 이런 원칙을 정했다고 한다. 이 얘기를 들었을 때 나는 우리나라의 교사나 부모들이 아이의 일에 지나치게 개입하는 것은 아닌지 뒤돌아보게 되었다.

다음의 상황에서 당신은 어떻게 반응하는가? 집안 거실에서 장난감을 가지고 사이좋게 잘 놀던 어린 남매가 갑자기 큰 소리로 말다툼을 하기 시작했다. 이유를 들어보니 오빠가 가지고 놀던 장난감을 여동생이 빼앗으려고 해서 다투게 되었다고 했다.

이런 상황에서 보통 우리나라 엄마들은 오빠니까 동생에게 양보하라고 하거나, 아니면 오빠 것을 왜 가지려 하느냐며 동생을 야단치는 경우가 많다. 하지만 이런 식으로 엄마가 개입해서 문제를 해결하는 것은 바람직하지 않다. 시간이 조금 지나면 아이들은 자기들끼리 타협을 통해 문제를 해결하거나 아니면 힘이 센 오빠의 완력에 의해서 장난감은 원래의 주인에게 돌아갈 것이기 때문이다.

동생은 장난감을 오빠에게 도로 빼앗기고 울다가 그제서야 남의 물건을 가져오면 안 된다는 것을 깨닫거나, 때로는 엄마에게 가서 오빠가 괴롭혔다고 하소연할 것이다. 이때가 바로 엄마가 나서서 동생에게는 남의 물건을 함부로 가져오면 안 된다고 설명하고, 오빠에게는 어린 동생의 마음을 한 번쯤은 헤아려보고 양보하는 것을 가르쳐야 할 시짐이다.

그런데 극성스러운 부모들은 자녀들이 스스로 충분히 해낼 일도 나서서 대신 해결해주려고 한다. 실제로 요즘 초등학교 반장 선거에서도 온갖 꼴불견이 연출되고 있다. 반장 선거를 통해 아이들은 한 학기 동안 반을 위하여 봉사할 반장을 직접 뽑음으로써 민주정치를 접할 수 있는 소중한 기회를 얻게 된다.

문제는 부모들이 반장 선거에 극성스럽게 개입하여 아이들을 멍들게 하는 것이다. 학급의 절반 이상의 학생들이 반장 후보로 나오는 것이 현재 우리 초등학교의 웃지 못할 현실이다. 반장이 되면 발표력이나 통솔력이 좋아지고 대학진학 때 유리한 스펙으로 활용할 수 있다고 하여 엄마들은 아이들에게 반장 후보로 나서라고 강요한다. 아이들은 하기 싫다고 하는데도 극성스러운 엄마들의 압력에 못 이겨 울며 겨자먹기로 반장 후보로 나서는 아이도 많다고 한다. 이뿐만 아니라 반장 후보 정견 발표를 위하여 비싼 수강료를 들여가며 웅변학원에 보낼 뿐만 아니라 단기 코스인 특별 고액과외도 불사한다고 한다.

만약 부모의 이런 지극한 노력으로 아이가 반장이 된다고 하자. 과연 이 아이가 담임 선생님을 도와 학급을 잘 운영할 수 있을까? 심히 걱정이 앞선다.

의사결정능력을 키워주는 것만큼 중요한 것은 없다

부모들의 이런 극성이 아이들을 잘못된 길로 들어서게 하고 있다. 멈춰야 할 때 멈출 줄 알아야 하는데 부모들의 목표는 끝이 없다. 최근에 대학입학 전형 방법이 다양해지고 새로워져서 많은 대학에서 학생들의 성적 외에 과외활동과 인성까지도 입학성적에 반영하고 있다. 이렇다 보니 학생들이 임원활동, 봉사활동, 독서활동 등에 관심을 갖기는 했지만 부모들은 여전히 자녀를 반장이나 학급 임원, 또는 전교

회장을 만들기 위해 자녀가 속한 반 아이들에게 피자를 사서 돌리는 가 하면, 바쁜 중에도 어머니회 활동을 하면서 선생님과의 관계를 돈독하게 해둔다. 혹시라도 아이에게 도움이 될 거라고 생각하면서 자녀를 위해 많은 시간과 노력을 투자하는 것이다. 그리고 끊임없이 자녀의 주위를 맴돌면서 봉사활동도 대신해주고 어떤 책을 읽어야 하는지도 일일이 지시한다.

"자식 농사만큼 중요한 농사는 없다."라는 말이 있듯이 옛날부터 우리 조상들은 자식 교육을 무엇보다 중요하게 여겼다. 그런데 요즘에는 아이가 해야 할 일을 부모가 대신해주는 것을 자녀교육이라고 착각하는 사람들이 늘어나고 있어 마음이 아프다. 어릴 때부터 사랑을 명분으로 자녀 대신 모든 것을 다 알아서 해준다면, 나중에는 나약한 어른이 되어 혼자서는 아무것도 하지 못하는 천덕꾸러기가 되고 말 것이다. 내 주위를 둘러보아도 자기 스스로 제대로 할 수 있는 것이 없는 나약한 성인으로 자란 아이들이 한둘이 아닌 것 같다. 이 모든 것이 부모의 지나친 개입이 만들어낸 불행한 자녀들의 현주소다.

앞에서 언급했던 비바람 부는 언덕배기에서 자란 인삼이 크고 실하다는 사실을 기억한다면 무엇이 아이를 진정으로 사랑하는 것인지 곰곰이 생각해봐야 한다. 아이에게 뿌리가 실한 인삼처럼 어떤 시련에도 견딜 수 있는 자생력을 길러주기 원한다면, 미래를 스스로 준비할 수 있도록 기회를 주자. 그것은 부모가 대신해줄 수 있는 부분이 아니다. 스스로 해결하도록 기회를 주는 것은 아이를 위한 보약이 되지만, 부모의 지나친 개입은 결국 아이에게 마약이 될 수 있다는 사실을 잊지 말자.

19 결과에 대한 책임은 고스란히 아이의 몫이다

의사결정의 결과를 책임지게 하라

최근 조선일보에 '민사고 남매 키운 엄마의 교육법'이라는 제목의 흥미로운 기사가 보도되었다. 그녀의 딸은 민사고(민족사관고등학교)를 졸업하고 미국 노트르담대학교에 합격하였고, 아들도 민사고에 입학했다. 두 자녀를 모두 민사고에 입학시킨 엄마에게 특별한 교육법이라도 있는 걸까? 이 기사 중간에 그녀의 자녀교육 비결이 나온다.

"아이가 하고 싶어하는 것은 반드시 시키고 싫어하는 것은 어떤 경우라도 강요하지 않았습니다. 그리고 중요하게 결정할 일이 있으면 아이가 직접 판단하게 하고 아이가 선택한 결정을 무조건 지지하고 응원해주었지요. 다만, 결과에 대한 책임은 고스란히 아이의 몫으로 남겨두었죠."

이 말대로라면, 부모로서 아이의 의사결정을 존중해 주고 아이가 선택한 결과에 대해서는 철저히 책임지게 한 것이 두 아이를 민사고에 합격시킨 엄마의 특별한 교육법이라고 할 수 있다. 그녀의 교육방침대로 아이를 가르치는 것이 쉬울 것 같아도 누구나 쉽게 따라 할 수 있는 것은 아니다. 세상 물정을 제대로 알지 못하는 미숙한 아이의 결정에 대해 부모로서는 미심쩍을 수밖에 없다. 그래서 대부분의 부모는 아이가 결정할 수 있는 것도 대신해주려고 한다.

하지만 이 엄마처럼 아이의 수준에 맞게 자율성을 인정해준다면, 처음에는 서툴지 몰라도 아이는 조금씩 자기 힘으로 할 수 있는 것들이 많아질 것이다. 그녀의 두 아이들도 처음부터 자율성을 모두 인정해준 것이 아니라 엄마가 보기에 감당할 수준에 맞게 결정권을 늘려갔다고 한다.

그리고 인터뷰 기사에는 나오지 않았지만, 내가 보기에는 이 아이들이 뛰어난 학습능력을 갖추게 된 것은 스스로 결정하고 자기 행동에 책임지는 과정에서 '내적 동기'가 발휘되었기 때문이라고 생각한다. 내적 동기란, 자기가 하고자 하는 일을 스스로 선택해서 결정하는 것을 말한다. 일반적으로 교육학자들은 아이들은 자유로운 것을 좋아하므로 스스로 선택할 수 있는 권리를 많이 줄수록 내적 동기가 더 강화된다고 한다.

당신은 자녀의 의사를 존중하고 선택권을 주며 그에 대한 책임을 지게 하는 편인가? 아니면 일일이 간섭하면서 아이를 옥죄는 편인가? 아이는 무한한 가능성이 있다. 어떻게 양육하고 가르치느냐에 따라 아이의 인생이 달라진다. 따라서 자기가 타고난 능력을 한껏 발휘할 수 있도록 아이에게 하고 싶은 일을 할 수 있도록 기회를 주고, 그에 대한 책임을 지게 해주자. 그러면 아이의 마음을 움직이는 내적 동기가 작용하여 의사결정능력뿐만 아니라 학습능력도 크게 향상될 것이다.

용돈으로 자녀의 의사결정능력 길러주기

지금에 와 생각해보면 우리 어머니는 자녀들에게 용돈을 주고 그것을 스스로 관리하게 하여 경제관념뿐만 아니라 의사결정능력, 문제해결능력 등을 키워주었던 것 같다. 나는 우리 집의 홍일점으로 위로는 오빠가 둘 있고 아래로는 남동생이 둘 있다. 교육자이셨던 아버지 월급으로 오남매를 가르친다는 것이 가정 형편상 그리 쉬운 일이 아니었지만, 어머니는 근검절약하여 우리에게 모두 만족할 만한 교육의 기회를 주었다.

다섯 명의 자녀가 중학교나 고등학교부터는 부모 곁을 떠나 지내야 했기에 어머니는 나이에 따라 아이들에게 한 달에 한 번 용돈을 나누어 주고는 알아서 사용하게 했다. 용돈을 어디에다 어떻게 쓰라고 용도를 정해주거나 어디에 사용했는지에 대해서는 일절 관여하지 않았다. 각자가 알아서 용돈을 쓰게 한 것이다. 그렇다고 용돈을 다 써서 추가로 돈이 더 필요하다고 해도 어머니는 용돈을 더 주는 법이 없었다. 그 대신 남는 돈은 자신의 몫이 되었다. 그래서 어머니로부터 용돈을 받은 우리 다섯 남매는 각자 계획을 세워서 용돈 관리를 했다.

내 경우에는 특별 교통비라는 것이 추가로 주어졌다. 오빠와 나의 학교가 반대편에 위치해 있었는데 몇 가지 이유로 나는 오빠 학교 근처에 거처를 구해야 했다. 그래서 나의 통학거리는 매우 멀었다. 딸을 멀리 다니게 한 것에 대한 보상으로 어머니는 나에게 특권을 주었다. 특별 교통비를 주겠으니 그 돈으로 택시를 타든지 버스를 두 번 타든지 걷든지 마음대로 해도 되고, 남는 돈은 알아서 사용하라고 했다. 물론 그 돈으로는 매일 택시를 탈 수는 없었고, 일주일에 두 번 정도 탈 수 있는 액수였던 것으로 기억한다.

그때부터 한동안 나는 비용 대비 최고의 효과를 볼 수 있는 통학 방법을 연구했다. 택시를 타면 편하지만 남는 돈이 없을 뿐만 아니라, 고등학생이 택시로 등교하다가 학교 규율부원에게 발각되면 교문 앞에서 벌을 서야 했다. 그래서 택시를 타도 학교에서 멀리 떨어진 곳에서 내려 걸어가야만 했기 때문에 그리 좋은 결정은 아니었다. 또한 버스를 타면 두 번 갈아타야 했기 때문에 통학시간을 계산하면 걸어가는 것과 비슷했고, 게다가 만원 버스 속에서 이리저리 시달려야 했다. 마지막으로 학교까지 걸어가면 돈을 많이 절약할 수 있지만 시간이 걸리고 남자 고등학교 앞을 거쳐서 걸어가야 한다는 부담이 있었다. 이 모든 상황의 장단점을 고려하여 통학방법을 결정해야 했다.

결국 나는 상황에 따라 학교에 가는 방편을 결정했는데, 주로 동네 친구들과 함께 남자 고등학교 앞을 용감하게 걸어갔다. 날씨가 궂은 날은 친구들과 함께 택시를 이용하여 요금을 나누어 부담하여 절약했고 가끔은 버스를 두 번 타거나 한 번 탈 수 있는 곳까지 걸어가서 버스를 타기도 했다. 결국 매일 걷다 보니 걸음걸이가 빨라져 통학시간이 줄어들었고, 대신 통장의 잔고는 늘어가는 즐거움을 맛보았다.

세월이 흘러 성인이 된 뒤에 뒤돌아 생각해보니 어머니는 자녀들에게 자율적인 의사결정능력과 함께 경제관념까지 심어준 것이 아닌가 싶다. 이런 어머니 덕분에 나는 여러 가지 상황을 비교하고 판단하여 올바른 결정을 내리는 능력을 기를 수 있었다.

20 의사결정능력이 비약적으로 발전하는 사춘기를 축복해주어라

의사결정능력을 극대화하는 유대인의 자녀교육

유대인들은 아이의 합리성과 창의성을 이끌어내는 그들만의 독특한 가정교육으로 유명하다. 이를 바탕으로 유대인들은 마르크스나 아인슈타인처럼 인류에 지대한 영향을 준 학자들부터 앙드레 지드, 피카소, 찰리 채플린, 스티븐 스필버그 등 문화예술 분야의 인재들에 이르기까지, 끊임없이 세계적인 인재들을 배출해왔다.

그런데 특기할만한 것은 우리나라 학생들의 학습 경쟁력이 고등학교 때까지는 세계 최상위권을 유지하다가도 대학에만 가면 곤두박질치는 데 반해, 세계 인구의 0.25퍼센트에 불과한 유대인은 학년이 올라갈수록 학업 성취도가 높아져서 세계 유수의 대학에서 우수한 성적을 거둔다는 것이다.

왜 이런 결과가 나오는 것일까? 나는 그 이유가 자녀교육의 차이에서 비롯된다고 생각한다. 유대인의 지혜의 원천인 《탈무드》를 보면, 유대인 자녀교육의 핵심이 잘 나와 있다.

"교사 혼자서만 얘기해서는 안 된다. 만약 학생들이 말없이 듣고만 있다면 앵무새를 기르는 것과 무엇이 다르겠는가? 교사가 이야기를 하면 학생은 거기에 대한 질문을 해야 한다. 둘 사이에 주고받는 말이 활발하면 할수록 교육 효과가 높다."

즉 유대인들은 무엇보다도 학생들에게 질문하도록 가르친다. 실제로 그들은 유치원 때부터 집에 온 아이에게 "선생님 말씀 잘 들었니?"라고 묻기보다는 "오늘, 선생님에게 무슨 질문을 했니?"라고 묻는다고 한다.

이처럼 유대인들은 아이에게 어린 시절부터 질문과 토론 학습을 철저하게 시켜 논리력, 추리력, 분석력 등 종합적인 사고력과 의사결정 능력을 길러주기 위해 노력한다. 더불어 그들은 '괴짜'를 용납하는 문화를 통해 아이의 창의성을 장려함으로써 창의적인 의사결정능력을 고취시킨다. 이렇듯 아이의 자유로운 생각을 존중하고, 합리성과 창의성을 토대로 자녀를 탁월한 의사결정자로 길러 내는 유대인들의 교육법은 분명 우리 부모들이 눈여겨봐야 할 대목이다.

자녀가 사춘기에 접어들 무렵이면 자기주장이 확고해지고 더욱 명확한 의사표현을 하려고 한다. 부모의 의견에 적극적으로 이의를 제기하기 시작하고 부모의 지시를 거부하기도 한다. 그래서 부모는 갑작스러운 아이의 변화에 당황해 하며 아이와 충돌하는 경우가 자주 일어난다. 하지만 유대인들은 아이들이 사춘기가 될 즈음에 놀랍게도 성대하게 성인식을 치러주고 독립시킬 준비를 한다. 그리고 질문과 토론 교육에 있어서도, 이전엔 가르치는 입장에서 질문과 토론의 방법을 제시해주었다면 이제는 동등한 위치에 서서 문답을 주고받으며 본격적으로 토론다운 토론을 시작한다.

유대인은 보통 다른 민족에 비해 7~8년 빠르게 성년식을 치르는데 그 까닭은 자녀들의 독립심을 길러주기 위함이다. 사춘기가 될 즈음이면 유대인들은 모든 것을 독립적으로 결정하고 행동할 수 있다고 본다. 왜냐하면 그동안 여러 가지 교육을 비롯하여 질문과 토론 교육을 통해 길러진 능력을 바탕으로 성숙한 의사결정을 할 수 있다고 여기기 때문이다.

십대의 반항은
의사결정능력을 길러주기 위한 절호의 찬스다

십대의 반항은 자녀들이 자기만의 생각이 분명해져 가고 있다는 가장 뚜렷한 증거이다. 부모의 말에 반박한다는 것은 자녀가 어른이 되어가고 있다는 것을 보여주는 것이다. 따라서 자신에게 대드는 자녀에 대해, 당장의 감정에 못 이겨 화를 내기보다는 오히려 기뻐하고 축하해주는 것은 어떨까?

아이는 누구나 사춘기를 거쳐 성인이 된다. 성인이 되기 전 자신의 생각을 완성하는 마지막 단계인 이 사춘기야말로 평생의 의사결정능력을 좌우하는 결정적인 시기이다. 즉 '맹목적인 반항심', '주체할 수 없는 감정 기복', 그리고 '채 여물지 않은 이성적 사고'를 특징으로 하는 사춘기는 아이의 의사결정능력을 다질 수 있는 마지막 기회라고 할 수 있다.

따라서 사춘기 자녀가 명백히 그릇된 의사결정을 해도 가능하면 독단적으로 막으려고만 해서는 안 된다. 사춘기 아이에게 단순히 '안 된다', '하지 말라'고 얘기하는 것은 반항심을 더욱 자극할 뿐이다. 부모는 자신의 의견과 명령이 거부당하더라도 침착함을 유지하면서 아이가 계속해서 말을 이어가도록 들어주어야 한다. 그러면 말을 하는 과정에서 격앙된 감정이 가라앉아 자신의 행동이 지나쳤음을 인식하고 고치려고 할 것이다.

하지만 말을 잘 듣던 아이가 갑작스럽게 반항을 하고 과격한 행동을 한다고 해서 흥분하여 아이의 입을 틀어막고 야단치면, 아이는 더욱더 감정적으로만 대응하거나 아예 입을 다물어 버릴 수도 있다. 이 경우 아이의 논리적인 사고능력은 맹목적인 반항심에 휩싸여서 영원히 자기 안에서만 머물러 버리고 말지도 모른다.

그러므로 사춘기 자녀를 둔 부모는 아이에게 충분한 의사표현을 할 수 있는 기회를 주어 스스로 오류를 잡아나가고 일관성 있는 논리를 정립해가도록 도와야 한다. 이때 부모의 생각을 일방적으로 강요해서는 안 된다.

부모에게 충분히 자신의 의견을 개진하고, 또 부모로부터 합리적인 피드백을 받다 보면 아이는 자신의 상황과 감정을 객관적으로 파악하여 의사결정을 신중히 하게 될 것이다.

21 경청하는 법을 가르쳐라

칭기즈칸이 세계를 지배할 수 있었던 원동력, 경청

다른 사람과 소통을 잘하기 위해서는 "눈빛은 총명하게, 귀는 활짝, 입은 무겁게 열어야 한다."는 말이 있다. 세계를 지배했던 원나라의 칭기즈칸은 "나는 배운 것이 없지만, 남의 말에 귀 기울이면서 현명해지는 방법을 깨우쳤다."라는 유명한 말을 남겼다.

칭기즈칸이 세계를 지배할 수 있었던 이유는 경청에 그 비밀이 있다고 여겨진다. 그에 관한 책과 다양한 자료에 따르면, 칭기즈칸은 피정복민들의 요구사항을 일일이 경청하고 가능하면 그들이 원하는 방향으로 정책을 펴기 위해 노력했다. 또한 피정복 민족의 종교와 문화에 대한 그들의 다양한 요구사항을 세심하게 들은 후, 이를 제국을 통치하는 데 반영했다. 이러한 노력이 있었기에 그가 아시아는 물론 유럽과 러시아까지 달하는 세계에서 가장 넓은 영토를 하나의 국가로 통일하여 지배할 수 있었던 것이다.

경청은 거대한 제국을 다스리는 것은 물론 합리적인 의사결정을 하는 데에도 매우 중요한 역할을 한다. 따라서 아이에게 올바른 의사결정을 가르치기를 원한다면 가장 먼저 해야 할 일은 다른 사람의 이야기를 경청하게 하는 것이다.

의사소통을 제대로 못하여 잘못된 의사결정을 하는 주요 이유는 상대방의 말을 경청하지 않기 때문이다. 남의 말을 듣지 않고 자기 말만 일방적으로 하다 보면 제대로 소통할 수 있겠는가? 그리고 경청하지 않으면 원만한 인간관계를 맺지 못하여 아무리 의사결정능력이 출중하다고 해도 결국 사회에서 소외되고 만다. 이 세상에 혼자 할 수 있는 일은 그리 많지 않기 때문이다.

그렇다면 의사결정에서 '경청'은 어떤 의미가 있을까? 경청에서 '경(傾)'은 '기운다'는 뜻으로, 크게 네 가지에 대해 기울여야 함을 의미한다. 첫째는 상대방에게 몸의 자세를 기울여야 하고, 둘째는 상대방의 말에 귀를 기울여야 하며, 셋째는 상대방에게 진심으로 마음을 기울이고, 넷째는 상대방에게 온화한 정성을 다해 기울여야 한다.

이 네 가지 중에서 가장 중요한 것은 단순히 귀가 아닌 마음(心)을 다하여 상대방의 말을 듣고, 그 속에 담겨 있는 뜻을 헤아려 제대로 경청하는 것이다. 여기에는 심오한 자연의 이치도 숨어있다. 깊은 물은 소리 없이 흐르기 때문에 맑은 귀인 '청이(淸耳)'가 아니면 들을 수 없다고 한다. 맑은 귀, 즉 '청이'는 '마음의 귀'를 말한다. 따라서 마음을 다하여 상대방 말을 들을 준비가 되어 있어야 청이가 열려 비로소 '경청(傾聽)'할 수 있다.

훌륭한 의사결정은 경청에서 출발한다

타인의 의견을 잘 듣는 것이 의사소통의 기본이다. 그런데 어떤 사람이 상대방의 말을 제대로 듣지 않아 엉뚱한 소리를 하거나 몇 차례씩 되묻는다면 어떻게 되겠는가? 아마 그를 신뢰하지 않을 것이다.

다른 사람의 고민을 듣고 해결해주는 카운슬러의 가장 중요한 자질은 경청이다. 그래서 카운슬러가 되기 위한 과정에서 처음에 필수적으로 거치는 코스가 바로 경청 훈련이다. 이때 예비 카운슬러들은 한동안 아무 말도 하지 않은 채 상대방의 얼굴을 응시하며 잘 듣고 있다는 눈빛을 보내면서, 종종 고개를 끄덕이거나 '아하!' 등의 감탄사로 공감하고 있음을 전달하는 훈련을 받는다. 그런 다음에야 내담자를 위한 다양한 상담기법을 익히기 시작한다. 그만큼 경청은 카운슬링의 기초 중의 기초라고 할 수 있다.

경청하는 능력은 어느 날 갑자기 생기는 것이 아니다. 그래서 자녀에게 타인의 말을 경청하는 자세를 어릴 때부터 자연스럽고 당연한 것으로 받아들이도록 가르쳐야 한다. 물론 부모가 먼저 일상생활에서 경청하는 모범을 보여야 아이가 따라 할 것이다.

사실 아이의 말을 잘 들어준다는 것은 생각보다 쉽지 않다. 그래서 부모 중에는 아직 논리적인 사고가 부족한 아이의 말을 끝까지 다 들어보지도 않고 중간에 말을 자르거나 무시하기도 한다. 또한 아이가 하고 싶은 말이 무엇인지를 잘 알지도 못하면서 들어보지도 않고 지레짐작으로 뻔한 얘기를 왜 하느냐는 식으로 윽박지르기도 한다. 이런 부모 밑에서 자란 아이가 경청의 자세를 제대로 배울 수 없는 것은 당연하다.

"자녀는 부모의 등을 보고 자란다."라는 일본 속담이 있다. 부모가 먼저 경청의 모범을 보여야 자녀도 경청의 자세를 배울 수 있다. 경청할 줄 모르는 사람에게 원만한 의사결정능력을 기대한다는 것은 거의 불가능하다. 따라서 대화를 할 때 가능하면 자녀에게 경청의 모범을 보여 의사결정능력의 기초소양을 길러주는 데 힘써야 한다.

22 의사결정능력 향상을 위한
조기교육이 필요하다

올바른 의사결정을 하도록 격려하라

얼마 전 대형 마트에 갔다가 완구 코너에서 재미있는 장면을 보았다. 한 아이가 장난감 가게에서 진지한 얼굴로 고민하고 있었다. 엄마가 회색 곰 인형과 하얀색 강아지 인형을 보여주며 어떤 것을 갖고 싶은지 결정하리고 한 것 같다. 아이는 고민을 하다가 하얀색 강아지를 선택했다. 아이의 얼굴을 보니 만족한 표정이었으나 아쉬움도 약간 묻어났다. 아마 회색 곰 인형도 내심 마음에 들었던 모양이다.

이제 이 아이는 인생을 살아가면서 여러 가지 선택을 해야 하는 상황에 직면하게 될 것이다. 그때마다 최선의 선택을 하고 만족하게 될까?

어떤 부모라도 자녀가 후회할 선택을 하기보다는 가능하면 만족스러운 선택을 하기를 바란다. 그런데 영어나 수학, 과학과 같은 과목을 위해서는 조기교육을 해도 선택능력을 길러주기 위해 조기교육을 하는 가정은 많지 않은 것 같다. 하지만 긴 안목으로 볼 때 영어나 수학 실력보다 선택하는 실력이 더 중요하다. 인생을 살다 보면 무엇을 선택하느냐에 따라 희비가 엇갈릴 때가 많다. 따라서 어렸을 때부터 선택능력을 길러주어 중요한 결정을 해야 하는 순간마다 현명하게 의사결정을 한다면 인생을 낭비하지 않을 수 있다. 사실 올바른 의사결정을 하기 위해서는 악기를 배우는 것처럼 수많은 시행착오를 거치기 마련이다. 그렇기에 꾸준한 연습이 필요하다.

그러면 이제부터 이에 관한 한 가지 예를 가정하여 아이의 의사결정능력을 길러주는 법을 살펴보겠다.

초등학교 3학년인 민지는 토요일에 은영이 생일 파티에 초대받았다. 생일 파티 1부에는 다과 시간이 마련되어 있고, 2부에는 파티에 참석한 아이들과 함께 재미있게 노는 레크리에이션이 준비되어 있다고 했다. 그런데 그날 마침 부산에 사는 이모와 이종사촌 윤서가 민지 집에 오기로 되어 있었다. 윤서는 민지와 같은 또래로 무척 친한 사이였다. 그래서 민지는 은영이의 생일 파티에 가야 할지 아니면 집에 있다가 윤서와 함께 지내야 할지 고민에 빠졌다. 민지는 자기의 결정이 은영이와 윤서에게도 영향을 미치기 때문에 쉽게 판단을 내리지 못했다.

이럴 때 엄마가 개입하여 아이 대신 결정해주면, 민지는 매사 모든 것을 엄마가 해결해주기를 기대할 것이다. 하지만 민지가 어떤 결정을 해야 할 때마다 부모가 나서서 대신해줄 수는 없는 노릇이다. 그래서 민지 엄마는 딸이 후회하지 않을 결정을 할 수 있도록 차근차근 결정하는 방법을 가르쳐주었다.

민지의 여섯 단계 의사결정법

첫째, 문제를 분명하게 인지하도록 했다. 은영이의 생일 파티와 윤서의 방문이 동시에 이루어질 것이다. 따라서 동시에 두 가지를 다 할 수 없으므로 은영이의 생일 파티에 갈 것인지 아니면 집에 있다가 이모와 윤서를 만날 것인지 결정하라고 했다.

둘째, 어떤 선택의 방법이 있는지 모두 조사하라고 했다. 민지가 선택할 수 있는 목록을 조사해보니 다음과 같았다.

① 은영이의 생일 파티에 참석한다.

② 집에서 윤서와 지낸다.

③ 은영이 생일 파티 1부에 잠깐만 참석했다가, 집에 와서 윤서와 논다.

④ 집에서 윤서와 시간을 보내다가, 은영이의 생일 파티 2부에 참석한다.

⑤ 은영이 생일 파티에 윤서를 함께 데리고 간다.

세 번째, 민지가 선택할 수 있는 목록의 강점과 약점을 평가하게 했다.

❶ ①을 택하면 은영이의 생일 파티에 참가할 수 있지만, 윤서와 지낼 수 없다.

❷ ②를 택하면 윤서와 지낼 수 있지만, 은영이의 생일 파티에 참가할 수 없다.

❸ ③을 택하면 윤서와 지낼 수 있지만, 생일 파티 후에 진행될 2부 레크리에이션 시간에 참석하지 못한다.

❹ ④를 택하면 윤서와 지낼 수 있지만, 생일 파티 1부에 있을 다과 시간에 참석하지 못해 케이크와 아이스크림을 포기해야 한다.

❺ ⑤를 택하면 윤서와도 지낼 수 있고, 은영이의 생일 파티에도 참석할 수 있다. 하지만 은영이가 윤서를 환영하지 않을 수도 있고, 윤서가 수줍어하여 생일 파티를 즐기지 못할 수도 있다.

넷째, 민지가 생각하기에 가장 좋은 목록을 선택하게 했다. 이때 은영이와 윤서의 입장을 고려해서 모두가 만족할 수 있는 목록을 신중하게 고르도록 했다. 그리고 나서 아이가 선택한 것을 살펴보고, 차선책도 한번 생각해보라고 권유했다.

다섯째, 결정한 것을 실행에 옮기게 했다. 민지 엄마는 딸이 ③을 선택하자, 생일 파티 1부에 참석한 후에 은영이에게 사정을 이야기하고 집에 와서 윤서와 함께 시간을 보내라고 했다.

여섯째, 선택한 결과를 평가하게 했다. 민지가 선택한 목록을 실행한 후 그에 대해 평가하게 하고, 만약 다른 것을 선택했다면 어떤 결과가 나왔을지 생각해보게 했다.

이외에도 상황에 따라서 올바른 의사결정 방법을 위한 단계들을 다른 식으로 대체하거나 추가 또는 삭제할 수도 있다. 그러나 기본적인 의사결정 방법의 얼개는 대개 앞에서 소개한 것과 같다. 따라서 아이와 다양한 상황을 설정한 후 위 단계에 따라 문제를 해결하는 연습을 하는 것도 도움이 된다.

예를 들면 '친구 생일 파티에 가야 하는데 선물 살 돈이 부족할 때, 어떻게 할 것인가?', '학교에서 돌아와 보니 집에 아무도 없고 문은 잠겨 있고 열쇠는 없을 때, 어떻게 할 것인가?', '사람들이 너무 많은 놀이공원에서 길을 잃었을 때, 어떻게 할 것인가?', '갑자기 비가 내리는데 우산이 없을 때, 어떻게 할 것인가?' 등 아이의 수준을 고려하여 일어날 수 있는 일들에 대한 대처 방법을 연습시키는 것도 좋다.

Part 4

분석력과
의사결정능력

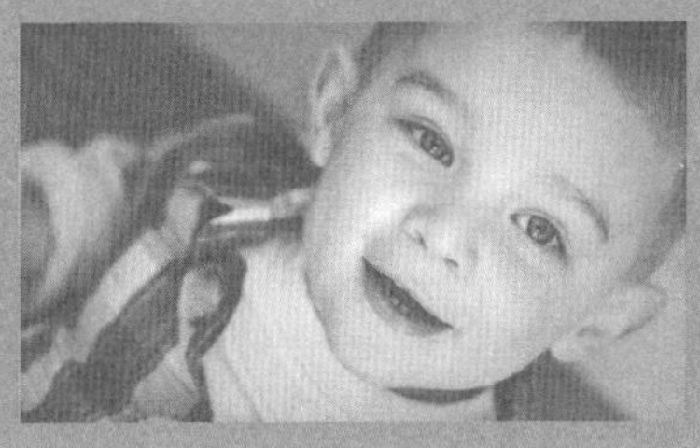

23 의사결정능력의 싹인
　　호기심을 키워주어라

호기심이 강해야 의사결정능력도 강해진다

딸: 아빠, 밖에 나가서 놀아도 돼요?

아빠: 안 돼.

딸: 왜요?

아빠: 지금 새벽 다섯 시야. 너무 일러.

딸: 왜요?

아빠: 아직 해도 안 떴어.

딸: 왜요?

아빠: 해는 조금 더 나중에 떠.

딸: 왜요?

아빠: 지구가 자전을 해서 얼마간 돌면 해가 지평선에서 뜰 거야.

딸: 왜요?

아빠: 아빠도 몰라.

딸: 왜? 왜 모르는데요, 아빠?

아빠: 학교에서 제대로 공부 안 해서 그래. 수업시간에 잘 안 들었어.

딸: 왜요?

아빠: 항상 몽롱한 상태로 있었거든.

딸: 왜요?

이 내용은 미국 드라마에 나오는 아빠와 딸의 대화의 한 장면이다. 딸의 질문은 아직도 끝나지 않았다. 꼬리에 꼬리를 물고 질문하는 꼬마의 얼굴은 호기심으로 가득 찼고 열심히 대답해주려는 아빠의 얼굴에는 진땀이 났다. 이 드라마에서도 알 수 있듯이 대부분의 아이들은 호기심이 정말 많다. 그래서 어떤 일이 왜 일어나는지, 왜 그럴 수도 있는 것인지, 어떻게 그렇게 할 수 있는지 등 궁금한 것들이 늘 머릿속에 가득하다.

예를 들면 '왜 저 사람은 대머리일까?', '카메라는 어떻게 작동할까?', '안개는 어디로 갈까?', '왜 인종마다 피부색과 머리카락색이 다를까?', '숫자는 어떻게 생겨난 것일까?', '아직 알려지지 않은 행성에 생명체가 있을까?' 등 끊임없이 의문을 갖는다.

이런 의문은 호기심이 강한 아이를 자극하여 새로운 지식을 탐구하게 하는 동기로 작용한다. 그래서 호기심이 많은 아이들은 의문을 해결하기 위해 엄마나 아빠에게 질문하거나 책이나 인터넷 등에서 정보를 찾아보기도 한다. 좀 더 적극적인 아이들은 자신의 의문을 풀어줄 전문가에게 도움을 요청하기도 한다. 어느 정도 자료를 모으면 그것을 분석하여 여러 가능성을 두고 조합한다. 그리고 이렇게 조합한 정보를 다시 살펴보면서 정보들 사이에 일관성과 신빙성이 있는지를 판단하고 이것을 토대로 의사결정을 하여 결론을 내린다.

그러나 호기심이 부족한 아이는 문제를 찾아내는 민감성과 경험, 지식의 부족으로 문제해결능력과 의사결정능력이 떨어질 수밖에 없다. 끝없는 호기심이 문제해결의 첫 단추라고 하는 이유가 여기에 있다.

질문의 질이 의사결정의 질을 결정한다

아이에게 의사결정능력의 토대가 되는 호기심을 길러주려면 어떻게 해야 할까? 여러 가지 방법이 있지만 질문을 활용하는 것도 좋은 방법이다. 질문에는 여러 종류가 있는데, '예/아니오' 또는 한 가지 정답을 요구하는 질문보다는 여러 가지 대안들을 제시할 수 있는 질문을 해야 아이의 호기심을 발동시킬 수 있다.

예를 들면, "만약 ~하면, 어떻게 될까?", "너는 왜 그런 일이 일어날 것으로 생각하니?"와 같은 질문으로 여러 가지 대답이 가능한 질문이 바람직하다.

- ~ 할 때는 어떤 일이 일어날까?
- 만약 우리가 ~라면 어떻게 될까?
- 너는 왜 그렇게 생각하니?
- 네가 궁금한 것은 무엇이니?
- ~와 같은 것을 상상해봐라.
- 이것에 대하여 네가 알고 있는 것은 무엇이고, 모르고 있는 것은 무엇이니?

특히 질문에 답을 하는 과정에서 육하원칙을 활용하도록 유도하는 것이 좋다. 육하원칙은 문제의 본질을 파헤쳐 들어가게 하는 가장 좋은 접근법이며, 여섯 가지 질문에 답하는 동안 아이들은 정보를 수집하여 판단하는 연습을 하면서 의사결정능력을 기르게 된다. 가령 '연필'이라는 소재로 육하원칙 하에서 다음과 같이 질문할 수 있다.

소재-연필

누가: 누가 연필을 처음 사용했을까?

왜: 왜 이것을 연필이라고 불렀을까?

무엇을: 연필을 가지고 무엇을 할 수 있을까?

언제: 연필이 처음으로 만들어진 것은 언제일까?

어디서: 어디서 연필을 만들까?

어떻게: 연필을 어떻게 만들까?

이외에도 부모는 아이들이 흥미로워할 소재를 대상으로 육하원칙으로 질문을 만들어 답해보는 것이 좋다. 처음에는 좀 어색하거나 쉽게 할 수 없더라도 계속하다 보면 질문의 질과 답변이 향상되어 아이가 재미있어할 것이다. 그리고 아이들이 말이 안 되는 질문을 해도 비웃거나 무시하지 말고, "꽤 재미있는 질문인데?", "너는 그런 흥미로운 것을 잘 찾아내는구나!", "어떻게 하면 답을 찾을 수 있을 거라고 생각하니?"라고 격려해주자. 그러면 아이도 요령이 생겨 수준 높은 질문을 하게 될 것이다.

24 지시를 따라야 문제를
잘 해결할 수 있다

과거의 경험이 의사결정을 방해한다

아래의 문제들을 2분 동안 풀어 보라. 단, '+'는 나누기, '×'는 빼기, '÷'는 더하기, 그리고 '-'는 곱하기를 각각 의미한다.

$4 + 2 =$	$2 \div 1 =$	$9 \times 2 =$	$6 \div 2 =$
$7 - 3 =$	$8 + 2 =$	$7 \times 2 =$	$4 - 2 =$
$8 \times 3 =$	$5 - 4 =$	$8 + 4 =$	$10 + 5 =$
$6 \div 3 =$	$4 \div 2 =$	$6 \times 3 =$	$12 \times 1 =$
$9 \div 3 =$	$6 - 3 =$	$8 - 2 =$	$3 - 2 =$
$8 \div 4 =$	$9 + 3 =$	$12 + 2 =$	$6 + 3 =$

12 + 3 =	3 × 2 =	4 × 2 =	10 × 2 =
10 ÷ 2 =	7 − 2 =	8 ÷ 2 =	7 + 3 =
5 × 3 =	7 + 1 =	10 + 2 =	8 × 7 =
4 + 2 =	3 + 3 =	10 − 2 =	1 ÷ 5 =

모두 풀었는가? 그런데 풀기 전에 지시문을 끝까지 읽어보았는가?

실제로 많은 사람들이 지시문을 읽지 않고 문제를 푼다. 지시문을 읽지 않는 이유는 문제의 연산기호가 너무 익숙하여 지나쳤거나, 제한 시간 내에 과제를 빨리 수행하고 싶은 마음이 앞섰기 때문일 것이다.

이 계산 문제는 습관적인 행동의 한 단면을 잘 보여준다. 수학 기호처럼 이미 학습된 의미를 새로운 의미로 대체하는 것은 어려운 일이며, 시간제한 등의 부담이 있을 때는 특히 더 그렇다.

한편, 지시문을 끝까지 읽고 문제를 풀었다면 문제를 보다 쉽게 해결하기 위한 방법을 생각해 보았는가? 가령, '+' 기호로 된 문제들을 모두 푼 후에 다른 부호의 문제를 푸는 등의 시도를 해 보았는가? 아니면 그냥 왼쪽 줄 맨 위에서부터 차례대로 풀어나갔는가?

우리나라 사람은 책을 읽을 때나 글씨를 쓸 때 또는 컴퓨터를 할 때 시선이 위에서 아래로, 왼쪽에서 오른쪽으로 이동하는 습성이 있다. 그래서 문제를 풀 때도 습관처럼 이런 방식으로 하는데 익숙하여 시선이 가는 대로 한 문제씩 풀어나간다.

이처럼 과거의 경험이나 습관이 새로운 방향에서 문제에 접근하는 것을 방해하여 해결을 어렵게 만드는 경우가 있다. 따라서 평소에 사고의 유연성을 기르기 위해 노력하지 않으면 융통성이 떨어지고 고지식해지기 쉽다.

집중력을 길러주는 다섯 가지 방법

우리가 일상생활에서 실수하거나 시험에 낭패를 보는 것도 상대방의 이야기나 지시사항에 귀 기울이지 않거나 지시문을 주의 깊게 보지 않아서 생기는 경우가 많다. 내비게이션이 없던 시절에 낯선 곳을 찾아갈 때 다른 사람의 안내에 주의를 기울이지 않고 자기 생각대로 갔다가 엉뚱한 곳에서 헤맸던 기억이 있을 것이다. 또는 시험지에 '다음 중 ~에 알맞지 않은 것은 무엇인가?'와 같은 문항에서 '않은'을 주의해서 읽지 않아 엉뚱한 답을 선택했던 경우도 있을 것이다.

다행히 아이들의 사고는 아직 유연하므로 주의 사항을 잘 파악하여 집중할 수 있는 능력을 길러준다면 위와 같은 실수는 줄어들 것이다. 이를 위해 다음의 다섯 가지 방법을 꾸준히 실천해보자.

첫째, 한 번에 한 가지씩만 하게 하자. 아이들은 컴퓨터를 하면서 책을 보다가, 블록 놀이를 하는가 싶었는데 어느 순간에는 낙서를 하곤 한다. 그럴 때 야단치기보다는 하던 것을 끝까지 하게 하면 한 가지 일에 집중하는 시간이 늘어난다.

둘째, 다른 아이와 절대로 비교하지 말자. 아이가 공부나 과제를 할 때 다른 아이보다 좀 더디다고 하여 비교하기 시작하면 스트레스를 받아서 집중력이 현저히 떨어진다.

셋째, 태권도, 피아노, 영어, 수학 등의 실력을 향상시킨다는 목적으로 한꺼번에 여러 학원에 보내지 말자. 아직 인지능력이 부족한 아이들이 이것저것 동시에 배우다 보면 집중력이 떨어져서 학습효과가 거의 나타나지 않는 경우가 대부분이다. 아이가 흥미를 보이는 한 가지 분야를 차근차근하게 배우게 하면 집중력을 발휘하여 높은 학습효과를 볼 수 있다.

넷째, 컴퓨터나 TV를 보는 시간을 제한하자. 이런 매체들은 아이를 수동적으로 만들어 능동적으로 문제를 해결하거나 의사결정을 하는 것을 방해한다. 오히려 주의력이 산만해져 이러한 능력이 훼손될 뿐이다.

다섯째, 아이 방을 단순하게 꾸미자. 마음이 차분해지는 벽지를 발라주고 책상, 침대, 옷장 등은 눈이 편하고 장식이 거의 없는 원목가구로 마련해주자. 이런 환경을 마련해주면 산만했던 아이들도 마음이 안정되고 집중력을 기를 수 있다.

25 분류능력을 키워주어라

분류능력은 다양한 분야에서 요구된다

대부분 약국에는 어김없이 약 수납장이 벽 사면에 위치해있고 그 안에는 다양한 약들이 가득 들어있다. 그런데 약사들은 어떻게 알았는지 처방전만 보고도 그 수많은 약 중에서 필요한 약을 잘도 찾아낸다. 약국에 오랫동안 근무하다 보니 어느 자리에 어떤 약이 있는지를 다 파악하고 있기 때문이기도 하겠지만, 약을 종류에 따라 분류해놓기 때문에 빨리 찾을 수 있었을 것이다. 그런데 만약 약을 약상자의 크기나 제약회사별 또는 구입한 시기에 따라 분류했다면 어떻게 됐을까? 아마도 약을 찾는데 오랜 시간이 걸렸으리라고 생각한다.

나는 직업상 이런저런 이유로 책을 많이 읽어야 한다. 특히 논문을 쓸 때 필요한 부분을 재빨리 참고해야 할 때가 있다. 글의 흐름을 놓치면 논문을 제대로 쓸 수 없기 때문이다. 그래서 나는 평소에 책을 주제별로 꼼꼼하게 분류해 놓는다. 그런데 책을 그런 식으로 분류하지 않고, 크기나 색으로 분류해 놓으면 어떻게 될까? 그러면 책을 찾는데 시간을 온통 다 소진하여 제대로 논문을 쓰지 못할 것이다. 책을 찾다가 글의 흐름을 놓쳐 논문이 엉망이 될 수도 있다. 이처럼 이치에 맞지 않는 분류는 문제해결에 도움이 되기는커녕 오히려 방해만 될 뿐이다.

분류능력 하면 나는 컴퓨터가 떠오른다. 컴퓨터에는 각종 데이터들이 상위 정보는 폴더, 하위정보는 파일로 저장되도록 되어 있다. 그리고 파일도 작업방식과 종류에 따라 워드 파일, 엑셀 파일, 이미지 파일, 음악 파일 등으로 나누어져 있다. 대부분 경험을 해보았겠지만 컴퓨터로 작업을 할 때 평소에 파일 관리만 잘해놓아도 필요한 작업을 신속하게 할 수 있다. 하지만 데이터를 폴더와 파일별로 정리해놓지 않으면 작업을 하는데 오랜 시간이 걸리게 된다.

인간의 사고과정도 컴퓨터의 정보 관리 방식과 비슷하다. 사고력과 판단력이 뛰어난 사람은 기본적으로 각종 정보를 체계적으로 분류하여 정리해놓는다. 일상생활에서도 정리정돈은 물론 기록도 잘하여 필요한 정보를 그때그때 활용하는 능력이 뛰어나다. 주위에서 업무 수행능력이 뛰어난 사람이나 공부를 잘하는 아이를 보면 자기만의 방식대로 정리정돈을 잘해놓은 것을 알 수 있다.

분류능력은 의사결정을 할 때도 중요한 역할을 한다. 정보가 잘 분류되어 있어야 신속하고 정확하게 판단하여 올바른 결정을 내릴 수 있기 때문이다. 따라서 아이의 의사결정능력을 향상시키려면 먼저 분류하는 능력을 길러주는 데 집중해야 한다.

분류하는 습관을 길러주어라

아이에게 분류하는 능력을 길러주려면 일상생활에서 정리정돈하는 습관을 길러주는 것이 좋다.

예를 들어 옷장을 정리할 때도 아빠, 엄마, 아이의 옷을 분류하고 다시 계절별로 옷을 분류하는 것을 보여준다. 서랍을 정리할 때도 용도나 사물의 내용에 따라 분류한다는 것을 보여주고 자기 책상의 서랍 정리를 시킨다. 이런 과정을 통해 아이는 옷을 분류하는 방법을 배워서 옷을 꺼내기 좋게 정리할 수 있다. 그리고 책상 서랍을 정리하면서 학용품과 장난감, 성적표와 같은 서류를 분류하는 방법을 터득하게 된다.

아이들이 장난감을 가지고 논 뒤에 정리를 시키는 것도 분류능력을 키워줄 수 있는 좋은 기회다. 이를 위해 장난감을 보관할 수 있도록 상자들을 여러 개 준비하여 종류별이나 색깔별로 분류해서 정리하라고 하자. 그러면 어떤 아이는 자동차는 자동차대로, 로봇은 로봇대로, 인형은 인형대로 상자에 넣어서 분류할 것이다. 또 어떤 아이는 색깔별로 분류할 것이다.

그리고 분류방식을 응용하여 아이에게 문제를 낼 수도 있다. 가령 색깔별로 장난감을 정리할 때, 무지개색인 빨간색, 주황색, 노란색, ( ), 파란색, 남색, 보라색으로 장난감을 분류해놓고, ( )에 어떤 색의 장난감을 모아야 할지 물어본다. 그러면 아이는 색깔에 어떤 규칙이 있음을 눈치채고 궁리를 하다가, 무지개색으로 나누어 분류했다는 것을 알고 '초록색'이라고 답할 것이다.

사실, 아이에게 분류능력을 키워주기 위해서 돈을 들여 학원에 보내거나 따로 공부를 시킬 필요가 없다. 평소에 아이에게 자기 옷을 정리해서 옷장에 넣어놓게 하고 장난감을 가지고 논 후에는 상자에 정리하도록 하게만 해도, 분류능력뿐만 아니라 책임감까지 길러줄 수 있다.

26 결합하고 선택하는 능력을
키워주어라

좋은 결정을 하기 위한 두 가지 요건

앞에서 정보를 정리하고 분류하는 능력이 왜 의사결정능력에 중요한지를 살펴보았다. 이제부터는 이렇게 분류한 정보를 선택하고 결합하여 의사결정에 필요한 정보로 바꾸는 방법에 대해 알아보겠다.

의사결정에서 정보의 중요성은 아무리 강조해도 지나치지 않다. 잘못된 정보를 바탕으로 결정하면, 의사결정 과정이 훌륭하다고 해도 잘못된 결정을 할 수밖에 없다. 하지만 정보가 신빙성이 있다면 더 정확하게 결정할 수 있다. 이런 신뢰할 만한 정보는 많을수록 올바른 결정을 하는 데 큰 도움이 된다.

요즘은 정보의 홍수시대라고 한다. 인터넷의 발달로 우리는 마음만 먹으면 필요한 정보를 언제든지 수집할 수 있다. 하지만 그중에서 자기에게 필요한 정보를 선별해내기는 그렇게 쉽지 않다. 정보 가치를 제대로 평가할 수 있으려면 그에 대한 배경지식과 판단력, 추리력 등이 뛰어나야 하기 때문이다.

또 정보를 잘 선택했다고 해도 그 정보들을 의미 있는 자료로 만들기 위해서는 논리적이고 체계적으로 결합하는 능력이 있어야 한다. "구슬이 서 말이라도 꿰어야 보배"라는 말이 있듯이 아무리 좋은 정보가 많아도 결합하지 못하면 아무 쓸모가 없다.

어떤 면에서 의사결정은 흩어져 있을 때는 의미가 없지만 한데 모으면 대상이 명확히 드러나는 퍼즐 조각 맞추기와 비슷하다. 조각 맞추기를 하다 보면 처음에는 퍼즐 조각을 어디에 배치해야 할지 잘 파악이 되지 않는다. 그래서 몇 가지 퍼즐 조각을 퍼즐 판에 이리저리 놓다 보면 비슷한 모양의 퍼즐 조각들이 보인다. 이런 조각을 먼저 판에 맞추어 놓으면 다음 조각의 모양이 떠오르고, 어느 순간 그림의 전체적인 윤곽이 드러난다.

의사결정을 할 때도 먼저 여러 정보를 모아 하나하나 살펴서 필요한 정보만을 선택한다. 그리고 그 선택한 정보를 여러 가지 방법으로 결합하다 보면 해결 방안이 어느 순간 도출된다.

이처럼 주어진 정보를 바탕으로 정확한 결정을 하기 위해서는 두 가지 측면이 중요하다. 하나는 정보를 수집하여 필요한 정보를 선택하는 능력이고, 다른 하나는 그 정보를 하나로 합쳐서 가치 있는 정보로 만들어내는 능력이다. 이를 '정보 선택하기와 통합하기'라고 한다. 이에 관해서 좀 더 살펴보기로 하자.

정보 선택하기와 통합하기

〈형사 콜롬보〉는 1971년 미국 NBC 방송의 추리 드라마로 전파를 탄 이래 지난 30년 동안 전 세계 26개 나라에서 방영되었다. 처음 드라마를 접한 시청자라면 왜소한 체구에 허름한 바바리코트를 입고 말까지 더듬거리는 콜롬보의 모습에 실망감을 느낄지도 모른다. 하지만 콜롬보는 예리한 추리력과 뛰어난 분석력으로 완전 범죄를 노리는 범인을 검거해내는 유능한 형사다.

살인 사건이 일어나면 콜롬보 형사는 살해된 사람의 주변에서 발견된 수첩이나 전화번호, 그의 옷 상태 등 다양한 정보를 먼저 모은다. 그리고 수집한 정보를 가지고 나름대로 시나리오를 짜서 이런저런 스토리를 구상한 후, 범인이 누구인지를 추리해나간다. 이렇게 해서 그는 범인으로 의심되는 용의자들을 추려낸다. 이들을 대상으로 다시 사건 현장에서 발견된 정보와 용의자의 알리바이를 바탕으로 정보를 이리저리 재결합하여 결국 진범을 밝혀낸다.

수많은 정보를 바탕으로 개연성 있는 하나의 결론을 도출해내는 의사결정능력은 범인을 잡는 형사에게만 필요한 것이 아니라 사회 구성원 모두에게 필요하다.

예를 들어 의사는 환자를 진찰하고 각종 검사를 마친 후 그것을 토대로 증상을 판별하여 치료법을 결정한다. 소방전문가는 화재가 어떻게 발생했는지를 알기 위해 목격자의 진술과 화재현장에 남아있는 물리적 증거들을 한데 모은 후에 문제를 해결한다. 골동품 수집가는 도자기나 고화 등이 진품인지 또 얼마나 가치가 있는 물품인지 알기 위해 재료, 화법이나 필법 등의 정보를 통합하여 결정을 내린다. 자동차 수리공은 자동차의 고장의 원인을 진단하기 위해 어디에서 소리가 나는지, 어떤 경우에 속력이 나지 않는지 등의 여러 증후를 통합하여 수리할 곳을 결정한다. 어떤 경우라도 활용 가능한 모든 정보가 유기적으로 통합되어야 문제의 실마리를 풀 수 있다.

이뿐만 아니라, 일상생활 중에도 정보를 활용하면 좋은 의사결정을 할 수 있다. 가령 어떤 장소를 간다고 하자. 그곳까지 가는 데는 몇 개의 길이 있다. A 코스는 최단 거리이다. 그러나 신호등이 있고, 러시아워에 정체가 되는 곳이다. B 코스는 신호등도 없고 정체 구간도 거의 없지만 약간 돌아가야 한다. C 코스는 최장 거리이고 약간 정체 되는 길이다. 하지만 도로 주변의 경치가 빼어나다.

이때 운전자가 그중 한 코스를 택해야 한다면 자신의 상황에 맞는 길을 택해야 한다. 러시아워가 아닌데 급하게 갈 일이 있다면, A 코스로 가는 것이 좋다. 러시아워가 아니라면 정체될 일이 없기에 가장 빨리 목적지에 도착할 확률이 높기 때문이다. 시간에 구애받지 않는다면 C 코스를 선택하여 주변의 아름다운 경치를 구경하며 드라이브를 즐기는 것도 좋다.

그렇다면 아이들에게 어떻게 정보의 선택능력과 결합능력을 길러줄 수 있을까? 여러 가지 방법이 있지만, 나이가 어리다면 퍼즐 맞추기 게임을 시키거나 레고 블록을 이용하여 장난감을 만들어보게 하는 것이 좋다. 초등학생 정도 되면 어린이 신문에 나온 기사나 사설 등을 문단별로 나누어서 섞은 다음에, 그 글의 주제를 알려준 후 문단의 순서를 맞춰보게 하는 것이 좋다. 그리고 초등학교 고학년이면 코난 도일이나 아가사 크리스티의 추리소설을 읽게 하는 것도 정보를 선택하고 결합하는 능력을 길러주는 데 유용하다.

27 비교·분석능력과 의사결정능력

의사결정의 기본은 비교·분석능력이다

다음 그림을 보고 '?'에 들어갈 그림을 ①~⑥번 중에서 선택해보라.

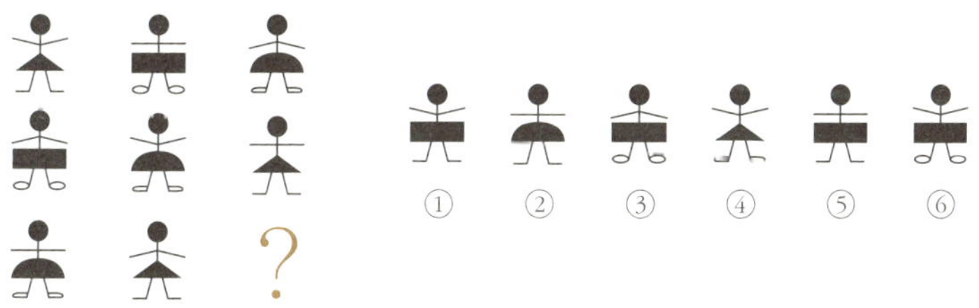

답을 찾았는가? 정답은 ⑥번이다. 정답을 찾았다면 어떤 방법으로 찾았는가? 이 문제를 풀기 위해서는 먼저 가로와 세로에 각각 3개씩 놓여있는 그림들이 어떻게 조합되어 있는지를 파악해야 한다. 그리고 그림들의 차이점을 비교해 보아야 한다.

이 그림을 자세히 보면 가로 세로 모두 팔 모양, 치마 모양, 다리 모양이 각각 다른 것을 알 수 있다. 따라서 물음표 자리에는 가로와 세로의 그림에서 어느 모양도 들어가지 않은 것을 택해야 하므로, 팔은 올라가 있어야 하고 치마는 네모 모양, 다리는 둥근 모양을 하고 있어야 한다. 따라서 답은 ⑥번이다.

이 문제를 해결하는 과정에서 동원되는 비교·분석능력은 올바른 의사결정 과정에서도 반드시 필요하다. 의사결정을 하기 위해서는 결정하기에 앞서 활용 가능한 대안들을 철저히 비교하고 분석하는 과정을 먼저 거쳐야 하기 때문이다.

비교·분석능력을 바탕으로 한 의사결정은 다양한 분야에서 이루어지고 있다. 가령 정치가들은 자신이 소속한 정당의 지지율이 떨어지면 그 이유를 분석한 후 이를 만회하기 위한 여러 가지 해결책을 제시한다. 그리고 그중에서 가장 적합한 방안을 실행에 옮긴다. 각종 금융상품을 다루는 펀드 매니저들은 세계 경제의 동향, 국내외 정치 이슈, 천재지변, 국제 곡물가격, 기업들의 재무제표 등의 수많은 자료를 비교하고 분석한다. 그리고 이 자료를 바탕으로 심사숙고해서 어디에 투자할지를 결정한다. 적과 대치하여 전쟁을 수행해야 하는 지휘관과 참모들은 다양한 루트를 통해 정보를 수집한다. 그리고 이 정보를 세심하게 비교·분석하여 전략과 작전을 짜서 적을 어떻게 공격하고 방

어해야 할지 결정을 내린다.

비교 · 분석능력 길러주는 법

비교 · 분석능력은 정치가나 펀드 매니저, 군인뿐만 아니라 여러 장난감 중에서 하나를 골라야 하는 유치원 아이부터 어느 대학에 원서를 넣을지 결정해야 하는 수험생 등 모든 연령대의 자녀에게도 반드시 필요하다. 그렇다면 어떻게 해야 아이들에게 이러한 능력을 길러줄 수 있을까?

어린아이의 경우라면 일상생활에서 어떤 일을 하기에 앞서 심사숙고하여 비교하고 분석하는 습관을 길러주는 것이 좋다. 가령 아이가 장난감을 사거나 학용품을 살 때도 분석하는 연습을 시킬 수 있다. 같은 장난감이라도 용도, 색, 가격, 선호도를 잘 따져 사게 하고, 학용품을 살 때도 브랜드, 가격, 신뢰도 등을 잘 살펴서 구입하게 한다. 이때 부모가 지나치게 나서서 특정한 물건을 사라고 강요해서는 안 된다. 다만, 주어진 상황을 신중하게 분석하여 최선의 것을 선택하는 습관을 기를 수 있도록 하면 된다.

또한 수험생에게는 비교 · 분석능력을 발휘해 대학을 선택하도록 도와주어야 한다. 물론 담당 교사도 많이 도와주겠지만 입시 요강이 다양해지고 복잡해졌기 때문에, 교사와 아이에게만 그 일을 맡기기에는 한계가 있다.

실제로 본인의 적성을 고려하지 않고 대학을 선택하여 학업에 흥미를 잃거나 중도에 포기하고 방황하게 되는 경우가 얼마나 많은가? 그런가 하면 자신의 실력을 제대로 파악하지 못하고 일류대학만 고집하다 여러 번 좌절을 경험하고 자신감마저 잃게 되는 경우도 우리 주변에서 흔히 볼 수 있다. 이런 불행한 경우를 피하기 위해서라도 자녀의 적성과 실력을 바탕으로 어느 대학에 원서를 넣을 것인지에 대해 심사숙고하여 결정하도록 도와주어야 한다.

부모가 자녀 미래의 일까지 대신 선택해줄 수 없다. 그러나 아이가 사리분별을 하여 판단할 수 있는 능력을 길러줄 수는 있다. 이를 위해서 부모는 아이가 무언가를 결정하려고 할 때, 먼저 세심하게 분석하고 비교하도록 격려해주어야 한다. 때로는 원하는 만큼 아이가 따라와주지 못해도, 조바심을 내기보다는 아이의 재능이 꽃피는 시기가 다를 뿐임을 상기하고 묵묵히 기다려주자.

28 독서능력과 의사결정능력

뛰어난 의사결정자들은 독서광이었다

1996년 호주 멜버른대학 피터 도허티 교수는 면역체계가 건강한 세포와 바이러스에 감염된 세포를 구분한다는 사실을 밝혀낸 공로로 노벨상을 받았다. 그는 노벨상을 받을 수 있었던 원동력이 무엇인지에 대해 묻는 기자에게 "어렸을 때부터 아버지와 할머니가 책을 많이 읽어주셨고, 6~7살 때부터 책을 혼자 읽기 시작했어요. 노벨상을 받게 된 가장 큰 원동력은 독서라고 말하고 싶어요."라고 대답했다.

독서광으로 알려진 빌 게이츠는 10살이 되기 전에 백과사전 전체를 독파했으며, 집 근처 도서관에서 열린 독서경진대회에서 1등을 차지하기도 했다. 윈도 시리즈를 개발하여 개인용 PC를 상용화하는 데

앞장선 게이츠였지만 지금도 그는 여전히 자신을 만든 것은 동네 도서관의 책이었다며 독서의 중요성을 강조하고 있다.

학원 한 번 보내지 않고 두 아들을 미국의 우수한 대학에 합격시킨 강명희 교수 역시 그 비결에 대해 무엇보다도 독서를 강조했다. 강 교수는 아이들이 어릴 때부터 문학, 역사, 과학, 미술사 등의 책을 읽게 하여 다양한 분야에 대해 배경지식을 쌓게 했다. 아이들이 수학에서도 우수한 성적을 얻을 수 있었던 것도 다양한 분야의 책을 읽으면서 논리력, 추리력, 집중력을 기를 수 있었기 때문이었다고 한다.

내가 영재들을 상담하면서 학부모에게 가장 많이 듣는 얘기는 아이가 책을 너무 좋아한 나머지 친구들이나 다른 사람과의 만남에 소홀하다는 것이다. 그때마다 나는 독서를 방해하지 하지 않는 범위에서 아이의 사회성 발달을 위한 여러 가지 방안을 제시해 주곤 한다.

그러나 독서는 영재들의 전유물이 아니다. 어떤 아이라도 독서는 삶의 자양분이 된다. 요즘에는 초등학교에서 독서 교육에 비중을 늘리고 있으며 수업시간이나 방과후 학교에서 어려운 고전도 가르치고 있다니 정말 반가운 소식이다. 얼마 전에 나는 한 언론 매체에서 독서가 운동부 학생에게 미친 영향에 관한 글을 읽고 매우 감동을 받았던 적이 있다. 그 내용은 대략 다음과 같다.

서울 00초등학교 축구부의 함00 감독은 2006년 축구부 졸업생 학부모들을 모아 '독서장학회'를 만들었다. 학부모들은 달마다 일정액의

회비를 걷어서 아이들에게 필요한 책을 샀다. 그렇게 해서 축구부 생활관에는 《만화로 보는 삼국지》, 《먼나라 이웃나라》 등의 학습만화부터 《이야기 명심보감》, 《어린이 삼국유사》 등의 교양서적까지 다양한 책들이 비치되기 시작했다. 선수들은 함 감독이 정해준 프로그램에 따라 책을 읽고 독후감을 써서 축구부 홈페이지에 올렸다. 글을 잘 쓴 아이들은 가방이나 축구화 같은 상품도 받았다.

함 감독에 의하면 독서 교육을 받은 후부터 아이들이 경기할 때 별로 흥분하지 않고, 동료 간 의사소통을 활발히 할 뿐만 아니라 창의적인 플레이를 자주 했다고 한다.

책을 읽고 토론하는 시간을 갖자

독서는 의사결정능력을 향상하는 데에도 매우 도움이 된다. 왜냐하면 책 속에 나오는 상황과 인물들 속에 자신을 대입하여 생각해보는 시간을 가질 수 있기 때문이다. 그러니 책을 읽은 후 그냥 덮어두게 하지 말고 가능하면 다음과 같이 토론하는 시간을 갖는 것이 좋다.

첫째, 책 속에 등장하는 인물들이 겪게 되는 사건에 대해 설명해보라고 한다. 이때 가능하면 자기 관점을 배제하고 객관적인 사실을 그대로 얘기하게 하자. 이런 연습을 꾸준하게 하면 어떤 사건에 대해 객관적으로 파악할 수 있는 능력이 향상된다.

둘째, 책에 나온 인물들의 행동을 평가하게 한다. 주인공과 그를 돕는 인물들, 그리고 주인공을 괴롭히는 인물, 그리고 방관하는 사람들을 통해 다양한 사람들의 성격특성을 파악할 수 있다. 이러한 과정을 통해 아이는 사람들에 대한 이해의 폭이 넓어진다.

셋째, 어떤 사건에 대한 주인공의 행동에 대해, 아이가 책의 주인공이었다면 어떻게 행동했을지 생각해보게 한다. 그리고 그런 행동을 할 수밖에 없는 이유는 무엇이고 다른 대안은 없었는지에 대해 아이의 생각을 물어보자. 이런 과정을 통해 아이는 문제의 본질을 파악하는 능력은 물론 다양한 대안을 생각해봄으로써 사고의 유창성까지 기를 수 있다.

넷째, 책 속의 인물들이 위기에 처하지 않으려면 어떻게 해야 했는지를 생각해보게 한다. 위기에 처할 때는 대개 경솔하게 결정한 것이 발단이 되는 경우가 많으므로, 아이에게 무엇이 잘못된 결정인지 먼저 찾아보라고 한다. 그리고 위험에 빠지지 않으려면 어떻게 결정해야 했는지 생각해 보게 한다. 이러한 간접 경험을 통해 아이는 문제가 발생하는 패턴과 유형이 있다는 것을 깨닫고, 현실에서 문제가 발생할 수 있는 상황을 미연에 방지하는 결정을 내리게 될 것이다.

29 토론능력과 의사결정능력

토론에 약하면 제대로 의사결정을 할 수 없다

하버드대 마이클 샌델 교수가 지은 《정의란 무엇인가》는 열악한 한국 출판 시장에서 110만 부나 팔리는 베스트셀러가 되었다. 샌델 교수의 강의는 약 1,000여 명에 달하는 학생들이 매번 수강하는 것으로 유명하다.

얼마 전 샌델 교수가 한국의 한 언론사의 초청을 받고 한국 청중들과 만남의 시간을 가졌다. 샌델 교수의 강의에 초대받은 청중들은 한껏 기대에 부풀었다. 세계적 석학인 샌델 교수의 강의에 직접 참여할 기회를 갖게 되었기 때문이다. 하지만 막상 강의에 참여한 청중들은 샌델 교수가 토론을 유도하는 질문을 하자 대부분 당황하거나 답변을 해도 자신의 의사를 제대로 전달하지 못했다. 아마도 어릴 때부터 주입식 교육에 길들여진 탓에 토론식 강의에 익숙하지 못했기 때문일 것이다.

토론능력이 뛰어난 사람은 상대방에게 자기 의사를 효과적으로 전달함은 물론이고 상대방의 얘기도 잘 알아듣는다. 그러나 토론에 익숙하지 못한 사람들은 자기 의견만을 일방적으로 강요하면서 상대방 의견의 문제점만 계속 찾아내어, 결국 '토론'으로 시작해서 아무 결과도 없는 시끄러운 '논쟁'으로 끝을 맺기 일쑤다.

그런데 가끔 TV 토론 프로그램을 보면서 깜짝 놀랄 때가 있다. 각 분야의 전문가이거나 유명 인사들인데도 토론하는 능력이 형편없을 때가 있기 때문이다.

예를 들어 토론의 주제와 별로 관계없이 자기 의견만 일방적으로 말하다가 상대방이 말할 때에는 제대로 듣지 않는다. 그러다가 말꼬리나 붙잡고 늘어지는 추태를 보이기까지 한다. 그러고는 정작 자기가 말할 차례가 되면 또다시 엉뚱한 주장만을 되풀이해댄다. 이런 사람들 탓에 '막장 토론'이라는 말까지 생겨났을 정도다.

토론을 통해 우리는 상대방의 입장을 이해하게 되고, 나의 입장을 상대방에게 전달할 수 있다. 그래서 공동의 목표를 성취하기 위해서는 토론의 과정은 필수적이다.

요즘 들리는 소식에 의하면 학교에서 토론식 수업의 비중이 높아지고 있으며, 교과 과정도 분석적이고 논리적인 사고능력과 다양한 표현 능력을 요구하는 쪽으로 바뀌고 있다고 하니 다행스러운 일이다.

매사가 다 그렇지만 토론능력은 어느 날 갑자기 하늘에서 뚝! 하고 떨어지는 복덩이가 아니다. 어릴 때부터 부단하게 연습하고 경험해야 만 얻을 수 있는 능력이다. 실제로 토론능력은 지식과 논리력, 창의력 등이 종합적으로 결합될 때 비로소 발휘된다. 그러므로 아이의 토론 수준을 높여주려면 평소에 다양한 분야의 지식을 습득하고, 그 주제에 대해 서로 의견을 나누는 시간을 갖는 것이 필요하다.

그럼 아이들에게 바람직한 토론능력을 길러주기 위한 방법을 구체 적으로 살펴보자.

토론능력을 길러주는 네 가지 방법

첫째, 독서 습관을 길러주자. 토론의 기본이 되는 다양한 배경지 식은 책을 통해서 가장 효과적으로 얻을 수 있다. 동화부터 소설, 시, 고전, 대중 과학서까지 여러 분야의 책을 아이의 수준에 맞게 읽혀보 자. 그리고 책을 읽은 후에는 그에 관한 주제를 가지고 이야기해보는 시간을 갖자.

둘째, 신문을 읽고 이슈가 되는 기사를 중심으로 토론해보자. 요즘 에는 중고등학교에서 신문을 읽고 토론하는 시간을 정규 수업으로 포함 하는 학교도 늘어나고 있다. 가정에서도 이를 실천할 수 있다. 가령 아이들에게 밀접한 관계가 있는 학교폭력에 대한 신문 기사를 같이 읽어보고 왜 그런 일이 일어났는지에 대해서 토론하는 시간을 가져보자.

셋째, 토론할 때 자신의 주장에 대해 논거를 제시하도록 가르치자. 이를 위해서는 삼단논법을 이용해 대전제와 소전제를 먼저 말하고 그에 대해 결론을 내리는 방법을 추천한다. 대표적인 삼단논법의 예는 다음과 같다.

"사람은 죽는다."(대전제)

"소크라테스는 사람이다."(소전제)

"고로 소크라테스는 죽는다."(결론)

넷째, 토론할 때 예의를 갖추도록 가르치자. 토론의 목적은 감정을 상하게 하려는 것이 아니라 대화를 통해 최선의 결론을 도출하는 데 있다. 따라서 상대방이 자신의 의견에 대해 다르게 생각한다고 해서 공격적으로 반응하지 않도록 가르쳐야 한다. 그리고 철저히 이성적으로 상대방의 말을 분석한 후에 논리의 허점이 있거나 논거가 부실할 때 그 사실만 지적하게 하고 감정적이거나 공격조로 상대방을 몰아붙이지 못하게 해야 한다.

옛말에 "듣는 귀는 천 년이요, 말한 입은 삼 일이다."라는 말이 있다. 이는 남의 가슴에 상처를 내는 말을 한 사람은 삼 일이 지나면 잊을 수 있겠지만 듣는 상대방은 아주 오랫동안 그가 한 말을 기억한다는 말이다.

미국이나 일본에는 학생 토론 리그가 활발하게 이루어지고 있는데, 이때 상대방에게 인신공격을 하면 큰 감점을 받게 되어 아무리 토론을 잘하더라도 지는 경우가 많다. 그래서일까? 미국 대통령 선거 당시, 롬니 후보와 오바마 후보의 대선 토론은 정말 토론의 교과서라고 할 만큼 논리적이면서도 논거가 참신하고 정확했다. 또한 상대방에 대한 인신공격을 거의 하지 않은 것도 인상적이었다. 이는 일찍부터 상대방을 배려하면서 토론하는 법을 배웠기 때문일 것이다.

Part 5

창의력과
의사결정능력

30 부모의 창의력이
아이의 창의력이 된다

부모는 아이의 역할모델이다

부모는 아이의 첫 번째 역할모델이다. 인간의 뇌에는 상대의 말, 행동, 표정 등을 읽고 그대로 따라 하는 거울신경세포(mirror neuron)가 있다. 아이는 이 세포를 통해서 부모의 모습을 하나하나 답습해가며 성장한다. 그래서 아이를 보면 아이 부모의 모습을 대강 짐작할 수 있다.

세계적인 대문호 톨스토이는 19살 때부터 시작하여 평생 일기를 썼다. 그에게는 9명의 자녀가 있었는데 아빠의 일기 쓰는 모습을 보고 자란 아이들 역시 일기를 쓰면서 자신을 성찰하며 살았다고 한다. 윈스턴 처칠의 아버지는 에드워드 기번이 쓴 《로마제국쇠망사》를 여러 번 정독하고 연설을 하거나 글을 쓸 때 그중에서 몇 가지 내용을 인용하곤 했다고 한다. 이 모습을 보고 자란 처칠 역시 아버지가 그랬던 것처럼 이 책을 탐독했고 연설할 때 아버지처럼 그 내용을 인용한 것으로 유명하다.

그런데 요즘 우리 사회 전반에 창의성 열풍이 불고 있다. 언론에서는 온통 창의성 얘기뿐이다. 내가 생각하기에도 앞으로 아이들이 주역이 될 시대에는 창의성을 갖춘 인재들이 세상을 이끌어나갈 것으로 예상된다.

아이들의 창의력을 어떻게 길러주어야 할까? 답은 간단하다. 부모가 창의적으로 생각하고 행동하면 아이들은 그대로 따라 한다. 부모가 고리타분한 사고방식을 갖고 융통성 없이 행동하면 아이도 부모에게 보고 배운 대로 앞뒤가 꽉 막힌 사람이 될 것이다. 물론 평상시에 늘 새롭게 생각하고 창의적으로 행동하면 아이도 그 모습을 본받아 창의적으로 생각하고 행동할 것이다.

어떤 사람들은 창의성을 타고난 능력으로 생각하고, 아이의 창의력을 계발하기보다는 스스로 능력을 발휘하기를 바란다. 물론 창의력은 타고난 요소도 있지만 부모와 교사로부터 배워야 하는 측면도 무시할 수 없다. 실제로 선천적인 능력이 부족해도 창의적인 환경에서 자란 아이들이 창의력이 뛰어난 경우가 많다. 또한 대부분의 아이들은 한 가지 이상의 영역에서 일정 수준의 창의력이 있으므로 그 능력을 잘 발휘할 수 있도록 도와주어야 한다.

그리고 창의적인 의사결정능력은 거창한 것이 아니라, 아주 작은 일에서부터 길러줄 수 있다. 언젠가 조선일보에서 초등학교 2학년 아들을 위한 미술교육 방법을 소개한 기사를 보았다.

미술을 전공한 아빠는 다양한 미술 활동을 통해서 아이의 인지기능과 창의력을 향상시키기 위해 노력했다. 아이가 그림을 그리고 있을 때, "왜 꼭 직사각형 종이에만 그림을 그려야 하지?", "왜 꼭 흰색 바탕에만 그림을 그려야 하지?" 등의 질문을 자주 했다. 그리고는 세모, 동그라미, 하트 모양의 스케치북을 만들어주고 여기에 바탕색도 흰색뿐만 아니라 다양한 색으로 꾸며주었다. 아이는 이런 경험이 신선한 충격으로 다가왔는지 매우 신기해했다.

자유로운 교육을 선호하는 아빠는 평소에도 아이가 언제든지 원하는 대로 낙서할 수 있도록 아이의 키 높이에 맞게 벽 곳곳에 흰색 켄트지를 붙여놓았다. 엄마 역시 아이들 그림은 규격화되기보다는 서툴더라도 자유분방하게 자기 세계를 표현할 수 있어야 한다고 생각했다.

이렇게 창의적인 부모 밑에서 자란 아이는 비싼 로봇 장난감보다는 자신만의 방식으로 요구르트 병, 화장품 병, 신문지 같은 폐품을 이용하여 로봇, 우주선, 탱크 등과 같은 장난감을 만들었다. 그때마다 아빠와 엄마는 아이의 장난감을 보고 칭찬해주고 어떤 의도로 만들었는지 물었다. 그리고 다른 방식으로 폐품을 활용하여 결합하면 어떤 물건이 만들어질까에 대해 스스로 생각하게 했다.

이 신문 기사의 말미에서 아빠는 아이가 이런 활동을 통해서 창의력과 상상력이 향상되었을 뿐만 아니라 선택능력과 의사결정능력 등도 좋아졌다고 했다.

당신은 창의적인 부모인가?

콩깍지가 떨어진 자리에는 콩이 나오고 팥깍지가 떨어진 자리에는 팥이 나오는 것은 당연하다. 당신의 자녀는 창의적으로 생각하고 활동하는가? 아이의 모습을 통해 부모의 모습을 유추해볼 수 있다.

옆에 있는 표 '당신은 창의적인 부모인가?'를 보고 자신이 창의적인 부모인지 아닌지 점검해보고, 만약 창의력이 부족하다면 어떻게 해야 할지 생각해보기를 바란다.

<table>
<tr><th colspan="2">당신은 창의적인 부모인가?</th></tr>
<tr><th>창의력이 부족한 부모</th><th>창의력이 풍부한 부모</th></tr>
<tr><td>· 일정한 형식을 가르치는 역할을 한다.</td><td>· 창의적인 행동의 모델 역할을 한다.</td></tr>
<tr><td>· 원칙에서 쉽게 벗어나지 못한다.</td><td>· 원칙을 존중하면서 융통성 있다.</td></tr>
<tr><td>· 다른 아이들과 비교하기를 좋아한다.</td><td>· 아이의 개성을 존중한다.</td></tr>
<tr><td>· 지켜야 할 규칙이 많다.</td><td>· 규칙이 적고 적당히 자유롭다.</td></tr>
<tr><td>· 과제를 하도록 압력을 행사한다.</td><td>· 과제 자체를 즐기도록 한다.</td></tr>
<tr><td>· 외적 동기부여를 한다.</td><td>· 내적 동기부여를 한다.</td></tr>
<tr><td>· 자녀와 친밀한 시간이 충분하지 않다.</td><td>· 자녀와 다정하고 친밀한 시간을 가진다.</td></tr>
<tr><td>· 질문을 많이 하지 않는다.</td><td>· '왜?'라는 질문을 많이 한다.</td></tr>
<tr><td>· 부모가 구체적인 결정을 내린다.</td><td>· 자녀가 스스로 결정하도록 기회를 준다.</td></tr>
<tr><td>· 실패했을 때 비난하거나 벌을 준다.</td><td>· 실패를 통해 배우게 한다.</td></tr>
<tr><td>· 하나의 관점과 해석을 강조한다.</td><td>· 다양한 해석과 관점을 강조한다.</td></tr>
<tr><td>· 결과를 중시한다.</td><td>· 과정을 중시한다.</td></tr>
<tr><td>· 학교 공부만을 강조한다.</td><td>· 학교 밖 공부도 강조한다.</td></tr>
<tr><td>· 정확하고 논리적인 답을 요구한다.</td><td>· 창의적인 답을 요구한다.</td></tr>
<tr><td>· 어려움을 당하면 항상 도와준다.</td><td>· 어려움을 극복할 수 있도록 격려한다.</td></tr>
<tr><td>· 자녀와 힘겨루기를 한다.</td><td>· 자녀와 좋은 동료 관계를 유지한다.</td></tr>
<tr><td>· 상황에 따라 때로는 자녀를 적대시한다.</td><td>· 언제나 다정하고 자녀를 지지한다.</td></tr>
</table>

31 독창성을 키워주어라

문제를 해결하는 남다른 생각

그 숲 속에 두 갈래 길이 있었다.

나는 사람이 적게 간 길을 택하였고

그것으로 해서 모든 것이 달라졌다.

- 로버트 프로스트의 시 '가지 않은 길' 중에서

남들도 쉽게 생각하는 방식으로 문제를 해결하는 사람에게 독창성이 있다고 하지 않는다. 같은 문제를 풀더라도 독창적인 사람은 새로운 방식으로 문제를 파악하여 해결책을 내놓기 때문에 주변 사람을 깜짝 놀라게 할 때가 많다.

어느 회사의 신규직원 입사 면접시험에서, 면접관이 골프공 그림을 보여주며 작은 딤플(홈)이 몇 개가 있느냐고 물었다. 골프공의 딤플은 비거리를 향상시키기 위하여 공학적으로 만들어 놓은 홈이다.

대부분의 응시자들은 면접관의 이 희한한 질문에 당황하다가 나름대로 어림잡아 딤플의 개수를 말했다. 물론 응시생들이 말하는 딤플의 숫자는 다 달랐다. 면접관은 응시생들에게 왜 그런 답을 말했는지에 대한 근거를 물었다. 그러자 응시생들은 대충 그럴 것이라고만 말할 뿐 얼버무리면서 뚜렷한 산출 근거를 밝히지 못했다. 그런데 한 응시생은 자신 있게 딤플 숫자를 약 '400개'라고 말하고, 그 풀이과정을 설명했다.

"골프공의 반지름을 4cm라고 가정하고 골프공 딤플의 반지름은 딤플과 딤플 사이의 간격을 포함하여 0.2cm라고 하면, 골프공의 표면적은 '$4 \times \pi$(원주율)$\times r$(반지름)^2'이므로, '$4 \times 3.14 \times (4cm)^2 = 200.96cm^2$'입니다. 그리고 딤플의 표면적은 '$4 \times 3.14 \times (0.2cm)^2 = 0.5024cm^2$'입니다. 따라서 '골프공 표면적 ÷ 딤플 표면적'은 약 '400'이므로, 딤플의 개수를 약 '400개' 정도로 추정한 것입니다."

물론 이 문제는 정확한 딤플 개수를 요구하는 것이 아니라 낯선 문제를 접했을 때 독특하고 창의적인 접근을 할 수 있는지, 논리적인 사고의 틀로 문제를 풀어나가는지를 알아보기 위한 추론문제였

다. 남들과 다른 독특한 창의적인 사고로 면접관의 질문에 자신 있게 답한 이 응시생이 입사시험에 합격하였음은 물론이다.

이번에는 건설현장에서 실제로 있었던 일이다. 아파트 건설 현장에 연못이 있었다. 그런데 이 연못의 실면적을 계산해야 했다. 이를 위해 토목전문가는 실측하기 전에 연못의 평면도를 바탕으로 연못의 면적을 계산했다. 그는 복잡한 미적분 수학공식을 사용하여 연못의 면적을 계산했지만 실측값과 많은 차이가 있었다.

그런데 현장 사무소에서 우편물과 회계를 담당하던 고졸 학력의 20대 초반의 젊은 사무담당 여직원은 연못의 면적을 간단하게 계산했는데 놀랍게도 토목기사의 값보다 더 실측에 가까웠다. 어떻게 이것이 가능했을까?

이를 위해 그녀는 연못 평면도를 우편물의 중량을 재는 저울 위에 올려놓고 무게를 측정했다. 그리고 이번에는 연못 평면도와 같은 재질의 종이에 평면도를 복사한 후, 연못 형태를 가위로 잘라 무게를 쟀다. 그리고 '평면도 면적:연못의 면적(x)＝평면도 무게:연못 모양으로 오린 평면도 무게'라는 비례식을 만들어 연못의 면적(x)을 구했다. 그후 연못의 축척을 적용하여 연못 면적의 근사치를 계산해내었다.

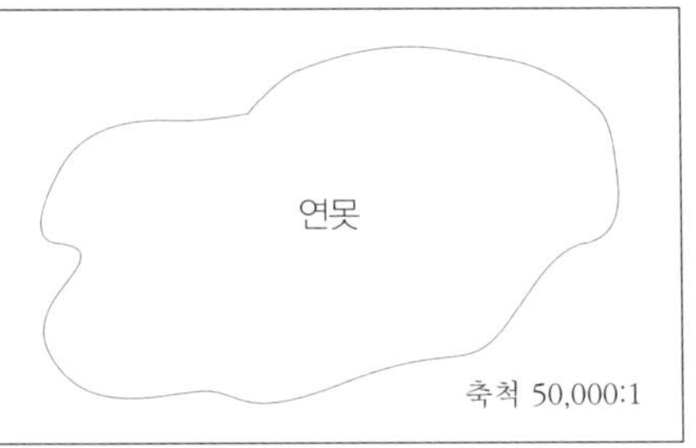

그녀가 이렇게 계산할 수 있었던 것은 문제를 풀 때 기존의 생각에 얽매이지 않고 창의적으로 접근했기에 가능했던 것이다.

아무도 가지 않는 길로 가게 하라

이처럼 독창성이 높은 사람은 새로운 아이디어를 생각해 내거나 기존의 생각을 잘 활용하여 남다른 방법으로 문제를 풀어나간다. 그런 면에서 아직 기존의 사고에 물들지 않은 아이들은 독창적인 생각을 많이 한다. 하지만 학년이 올라가고 틀에 박힌 생활을 하면서부터 서서히 독창성을 잃기 시작한다. 그리고 중고등학교에 올라가 학습 부담이 가중되면 독창적인 아이가 눈에 띄게 줄어든다. 유치원 아이들의 교실과 고3 학생들의 교실을 한번 비교해 보면 이를 쉽게 확인할 수 있다. 그렇다면 아이들의 독창성을 유지하고 발전시키려면 어떻게 해야 할까?

지금까지 연구하고 조사한 바로는 어릴 때부터 남들과 다르게 생각하는 것이 이상한 것이 아니라 독특한 재능이라는 것을 인식시키는 것부터 해야 한다. 그리고 남들과 다른 생각이나 행동을 했을 때도 무시하거나 비웃기보다는 격려해주어야 한다. 때로는 어디로 튈 줄 모르는 럭비공 같은 아이들의 엉뚱함 때문에 곤란에 처할 때도 있을 것이다. 하지만 에디슨이나 아인슈타인을 생각해보라. 그들의 엉뚱한 면은 다른 아이가 가지고 있지 않은 독창적인 사고능력에서 비롯된 것이다.

그런데 여기서 간과해서는 안 될 것이 있다. 이들의 부모는 아이의 독특한 점을 다른 사람처럼 편견으로 억누르거나 고치려고 하지 않았다는 점이다. 대신, 아이의 가능성이 활짝 꽃피울 수 있도록 지속적으로 격려해주었다. 아인슈타인이나 에디슨이 평범한 부모 밑에서 자랐다면 오늘날과 같이 세계적인 과학자나 발명가로 인정받을 수 있었을까?

남들과 똑같이만 생각한다면 이 세상에 새로운 것이 나올 수 없다. 창의성의 싹이 없는데 어찌 꽃이 피겠는가? 로버트 프로스트의 '가지 않은 길'을 떠올려 보라. 시 속의 주인공은 아무도 가지 않은 길을 갔고 그때부터 세상은 달라졌다.

우리 시대에 창의적인 인재들인 스티브 잡스, 마크 주커버그, 래리 페이지는 이 시에서처럼 누구도 가지 않은 길로 갔다. 그리고 그들 덕분에 세상이 어떻게 바뀌었는지 한번 살펴보라. 그럼 '격세지감'이란 말을 피부로 느끼게 될 것이다.

32 고정관념에서 벗어나게 하라

고정관념은 참신한 의사결정을 방해한다

아래 그림에서 두 개의 빈 동그라미에 들어갈 영어 알파벳은 무엇일까?

이 문제를 쉽게 해결하였는가? 만약 풀지 못했다면 왜 문제해결에 어려움을 겪었는지 생각해보자. 지금까지 이 문제를 접한 많은 사람들은 첫 번째 동그라미에 들어가는 'O'를 제외하고는 같은 알파벳이 두 번 나왔으므로,

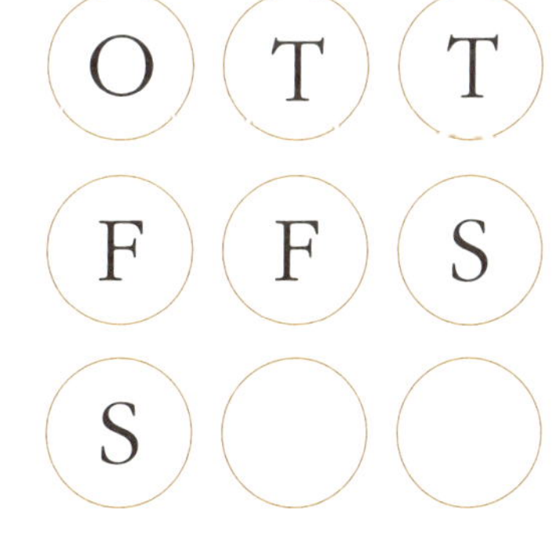

끝에 있는 두 동그라미에 'S' 다음에 나오는 알파벳이 두 번 들어갈 것

이라고 생각했다. 또 몇몇 사람은 가로 세로의 알파벳을 고려하여 어떤 법칙을 떠올려보려고 노력하다가 포기하기도 했다.

그럼 두 동그라미에 들어갈 답은 무엇일까? 'E'와 'N'이다. 왜 'E'와 'N'이 답인지 알았는가? 정답을 알려주어도 아직 그 이유를 아는 사람은 별로 없을 것이다. 그럼 힌트를 주겠다. 이 문제에 나온 알파벳은 어떤 글자의 첫 글자를 따온 것이다. 그래도 모르겠다면 전체 동그라미를 세 줄이 아닌 한 줄로 늘어놓고 잘 보길 바란다.

그럼 이 단어들이 연상되지 않는가? One, Two, Three, Four, Five, Six, Seven.

단어의 첫 알파벳이 동그라미에 나온 알파벳이라는 것을 눈치챘는가? 그러면 마지막 두 동그라미에 들어갈 단어는 당연히 Eight, Nine이라는 것을 알게 되었을 것이다. 따라서 정답은 'E'와 'N'이다.

이 문제를 풀기 위해서는 먼저 고정관념에서 탈피하는 것이 급선무다. 그래야 문제 풀이를 위한 창의력을 발휘할 수 있다. 콜럼버스가 달걀을 평평한 탁자 위에 세울 수 있었던 것은 고정관념을 깨뜨리는 새로운 시도를 할 수 있었기에 가능했다. 당시 콜럼버스 외에 대부분의 사람들은 달걀을 똑바로 세우기 위해서 그것을 깨뜨리지 말라는 조건이 없었음에도 미처 그 생각을 하지 못했다. 그러나 그는 기존의 사고에 얽매이지 않고 바로 달걀을 깨고 탁자에 세웠다. 이러한 기지 넘치는 생각을 할 수 있었기에 신대륙을 향해 항해하기로 결정하고 과감하게 실행에 옮길 수 있었다.

아이가 틀에 박힌 의사결정을 계속하길 원하는가?

고정관념을 깨고 새로운 시도를 할 때 찾아오는 창의적 성취는 다양하다. 언젠가 이런 기사를 본 적이 있다.

'[속보] SK 박영호 사장 유명 연예인 C양과 데이트!'

내용을 자세히 보니, 이 기사는 만우절에 SK 임직원들의 휴대전화에 갑자기 전달된 문자 메시지의 내용이었다. 물론 그 메시지를 받은 임직원들은 모두 놀랐고 그중에 어떤 사람들은 스팸 메일이라 생각하고 곧바로 삭제하기도 했다. 하지만 어디서 보냈나 싶어 궁금해서 통화 버튼을 누른 직원들은 파안대소했다고 한다. 이 메시지는 바로 SK 박영호 사장이 전 직원에게 보낸 것이었다. 여기에서 'C' 양은 '중국(China)'을 뜻했는데, 당시 중국 진출을 위한 교두보를 마련하기 위해 기업 전체가 동분서주하고 있었다고 한다. 그래서 박 사장이 직원들에게 회사가 어디에 집중하고 있는지를 알려주기 위해 이런 문자를 보낸 것이다.

이처럼 만우절 깜짝 이벤트로 많은 사람들에게 웃음을 주면서 회사의 경영방침을 인식시킨 것도, 그가 '기업의 CEO는 임직원들에게 엄격할 것'이라는 고정관념을 깰 수 있었기에 가능했을 것이다.

얼마 전 귀여운 양말 모양의 '산타클로스의 헌혈 팩'이 화제가 된 적이 있다. 이 팩은 핀란드에서 활동하는 젊은 한국 디자이너 이기승 씨의 아이디어로 만들어진 제품이었다. 헌혈하는 사람의 피가 팩 안에 차면, 헌혈 팩이 빨간 크리스마스 양말처럼 변하게 된다. 이기승 씨는 딱딱한 헌혈의 이미지를 없애고 싶어서 사각의 헌혈 팩을 산타클로스 할아버지가 선물을 넣어두는 양말 모양으로 디자인했다고 한다.

그의 작품 중에는 화병 모양을 한 '플라워 카드'도 있다. 이 카드 안에 씨앗을 넣고 물을 주면 꽃이 자라난다. 이 작품으로 그는 2007년 국제적 권위의 디자인상인 '레드닷 상'을 받았다. 그가 종이 화병이라는 독특한 작품을 만들 수 있었던 것은 화병을 굳이 유리로 할 필요가 있을까라는 발상의 전환을 했기 때문이다.

사실 고정관념을 깨고 창의적인 결정을 한다는 것은 말처럼 쉽지만은 않다. 산에 오솔길이 생길 때도 처음에는 여러 길이 있지만 사람들이 계속 같은 곳으로 다니다보면 그곳이 길로 굳혀진다. 이와 마찬가지로 사람의 사고 구조도 한 번 굳혀지면 잘 변화되지 않기 때문에 고정관념이 생기는 것이다.

사실 고정관념은 다른 관점에서 보면 한 사람의 세계관이라고 할 수 있다. 따라서 무조건 나쁘게 볼 것은 아니다. 다만 그것에 너무 얽매이게 되면 사고가 고착화되어 창의력과 상상력이 무뎌질 수 있다.

다행히 아직 세상 경험이 부족한 아이들은 유연하게 사고할 수 있으므로 상상력과 창의력을 바탕으로 의사결정을 하는 능력을 길러주기에 안성맞춤이다. 이를 위해서는 무엇보다 아이가 자유롭게 자기 생각을 말하도록 해주고, 행동의 제약이 없이 원하는 대로 놀 수 있도록 분위기를 조성해주는 것이 중요하다.

33 상상력과 의사결정능력

상상력은 의사결정능력에 날개를 달아준다

창의적인 사람들은 일상생활의 아주 작은 것에서도 상상력을 발휘한다. 《개미》의 작가로 알려진 베르나르 베르베르는 어렸을 때부터 기발한 상상력으로 유명했다. 그는 이러한 상상력을 바탕으로 14살 때부터 30년 넘게 상상력을 자극하는 이야기, 기묘한 지식, 수수께끼와 미스터리 등을 노트에 기록해 《상상력 사전》이라는 책으로 담아냈다. 이 책은 독자들로부터 상상력의 교과서라는 호평을 받았다. 그는 아이들의 상상력을 키우는 비결을 묻는 질문에 다음과 같이 답했다.

"아이의 상상력을 키워주려면 자기의 생각을 포기하지 말도록 가르쳐야 합니다. 교사나 부모, 친구의 마음에 들지 않을까 염려가 되더라도 자기 생각을 도중에 포기하지 않도록 용기를 주어야 합니다. 그래서 자신의 생각을 발전시켜나가도록 해야 합니다. 독창적인 것을 선보이는 선구자들은 대부분 처음에는 주위에서 이해받지 못했습니다. 그럼에도 그들은 자기 주장을 포기하지 않고 발전시켰기에 지금까지도 관심을 받고 있는 것입니다.”

베르나르 베르베르처럼 상상력이 문학으로 열매 맺은 예도 있지만, 과학자들도 상상력의 도움으로 새로운 법칙을 발견하기도 한다. 아인슈타인이나 스티븐 호킹은 상상력과 추리력을 동원하여 과학 문제를 푼 것으로도 유명했다. 1986년 노벨 화학상을 받은 더들리 허쉬바흐는 “과학자는 상상의 정원을 가꾸는 정원사다.”라고 했는데 이는 그만큼 과학자들에게도 상상력이 중요하다는 의미일 것이다.

상상력은 문학과 과학에서만 발휘되는 것이 아니다. 베토벤의 피아노 소나타와 교향곡, 백남준의 비디오아트 등도 뛰어난 예술가들의 상상력의 산물이다. 세계 여자 피겨스케이트의 새 역사를 장식한 김연아도 연습시간에 상상력을 바탕으로 한 이미지 트레이닝을 할 뿐만 아니라 경기가 있을 때도 마음속으로 몇 번이고 경기 장면을 상상한다고 한다.

이처럼 상상력은 문학, 과학, 예술, 체육 등 다방면에서 활용되고 있으며, 상상력이 풍부할수록 더 훌륭한 작품이나 법칙, 결과물 등이 나온다는 것을 알 수 있다.

아이의 상상력을 짓밟지 마라

엉뚱하고 기발한 상상력은 아이들의 특권이다. 어떻게 하면 그 기발한 생각에 날개를 달아줄 수 있을까?

나와 가까이 지내는 지인 중에 상민이라는 아들을 둔 엄마가 있다. 깔끔한 성격의 상민이 엄마는 뭐든 정돈이 안 되어 있거나 어질러져 있는 꼴을 못 본다. 그러나 상민이는 어떤가? 장난감은 이것저것 있는 대로 다 꺼내놓고 논다. 가위로 오리는 것을 좋아해 틈만 나면 동물이나 로봇, 자동차 등의 모양으로 색종이를 오린다. 광고지에 나온 그림을 오려서 가게를 꾸미고는 자기가 주인 행세를 하기도 한다. 어떤 날은 나무젓가락과 우유 팩, 요구르트 병 등을 이용하여 로봇과 장난감을 잔뜩 만들어서 방 안 곳곳에 늘어놓고 장난감 놀이를 한다.

그런데 상민이 엄마는 그때마다 "너 또 방 어지럽혔구나. 제발 좀 치워라. 무슨 애가 이렇게 어수선하니?" 하고 핀잔을 준다. 사실 상민이는 놀이를 하면서 로봇회사 사장이 되기도 하고, 때로는 로봇을 만드는 과학자로 변신하여 상상의 나래를 펼치고 있는데, 엄마는 이해해주지 못한다.

그러던 어느 날 상민이는 여느 때처럼 자기가 만든 로봇을 가지고 놀다가 엄마에게 이렇게 말했다. "엄마, 내가 이번에 만든 로봇은 엄마가 화장하는 것을 도와주는 똘똘이 로봇인데, 애가 엄마 얼굴에 손을 대기만 하면 순식간에 엄마가 원하는 화장을 다 해줄 거예요." 그리고 계속해서 로봇에 대해 말하려고 하자, 상민이 엄마는 아이의 말을 더 들으려고 하지도 않고 매몰차게 대꾸했다. "야, 말도 안 되는 소리 좀 그만하고 밀린 학습지나 끝내!"

물론 엄마는 아이의 행동이 이해가 되지 않고, 그렇지 않아도 할 일이 태산인데 집을 온통 난장판으로 만들어놓는 아들 때문에 속이 상했을 것이다. 하지만 이런 식으로 계속해서 아이를 제재하고 핀잔하면 상민이의 상상력은 움츠러들고 만다. 왜냐하면 뇌 전체가 활성화될 때 상상력이 발현되는데 스트레스를 받으면 뇌가 위축되어 제 기능을 발휘할 수 없기 때문이다. 따라서 엄마가 계속해서 아이의 자유로운 상상의 세계에 개입하여 제한을 가하면 상상력을 담당하는 뇌 기능이 약해질 수밖에 없다.

나는 상민이 엄마에게 그 이야기를 전해 듣고 상민이에게 왜 엄마가 싫어하는데도 그렇게 집을 어지럽히면서 놀았느냐고 물었다. 그랬더니 상민이는 상상놀이가 너무 재미있어 놀다 보면 엄마의 말을 자기도 모르게 잊게 된다고 대답했다. 하지만 엄마에게 로봇 얘기를 해주었을 때 왜 그렇게 혼냈는지 모르겠다며 억울함을 호소했다. 그래서 왜 그런 로봇을 만들었느냐고 물었더니 이렇게 대답했다.

"외출할 때마다 엄마가 화장하느라 기다리는 것에 짜증을 내는 아빠를 보고, 엄마가 화장을 빨리 하도록 도와주는 로봇을 만들어주고 싶었어요. 그래서 나름대로 로봇에 특수 프로그램을 설치해서 만들었는데도 엄마는 내 말을 들어보지도 않고 무조건 무시했어요. 물론 작동은 안 되지만, 그래도 저는 엄마를 기쁘게 하고 싶어서 얼마나 열심히 노력해서 만들었지 몰라요! 엄마가 정말 미워죽겠어요.”

상민이의 말을 듣고 가슴이 아팠다. 아이가 정말 창의적으로 세상의 중심에 당당히 서기를 바란다면, 방안을 지저분하게 어지럽혀 놓는다고 해도 이를 너그럽게 받아주어야 한다. 그렇지 않고 계속해서 제재하면 아이는 방을 깨끗이 해야 한다는 강박관념 때문에 자유롭게 상상하며 놀이를 할 수 없다.

아이가 집을 어지럽힌다고 나무라는 것은 소탐대실일 뿐이다. 정말 아이를 위한다면 할 일이 많아져도 마음의 여유를 갖고 대해주어야 한다. 그래야 아이 속에 잠재되어 있는 과학적 상상력이 무럭무럭 자라게 될 테니까 말이다.

34 의사결정의 순간,
다른 쪽에서 보면 다른 것이 보인다

다양한 시각으로 보게 하라

내가 일하는 대학의 연구실에서 창밖을 바라보면 여러 건물과 건물 사이에 키 큰 플라타너스들이 보인다. 늘 같은 풍경이다. 하지만 우연히 밖에 나갔다가 반대 방향에서 연구실이 있는 건물을 본 적이 있는데 아주 낯설게 보였다. 그때 지금까지 익숙했던 시각에서 벗어나 다른 각도에서 보게 되면 그동안 보지 못했던 것들이 새롭게 보인다는 것을 새삼스럽게 느꼈다.

의사결정에서도 여러 각도에서 문제를 살펴보고 결정하는 것이 필수적이다. 이런 과정 없이 한쪽으로만 생각하고 내린 의사결정은 다른 방향에서 보면 잘못된 결정일 수도 있다. 따라서 아이가 편협한 시각으로 의사결정을 하지 않도록 하기 위해서는 다양한 시각으로 문제를 바라보는 습관을 길러주어야 한다.

미국의 사립명문인 웰튼고등학교의 동문 출신인 신임교사 존 키팅이 그동안 틀에 갇혀있던 진부한 교육을 깨트리려 한 시도와 그에 동조한 학생들의 감동적인 이야기를 다룬 〈죽은 시인의 사회〉라는 영화를 본 적이 있는가? 다음은 이 영화에 나오는 한 장면이다.

키팅 선생은 문학 수업을 하다 말고 교탁 위로 갑자기 올라선다.

키팅 선생님: 내가 왜 교탁 위로 올라갔을까?

학생: 키가 커 보이고 싶어서요.

키팅 선생님: 그게 아니지. 사물을 다른 각도에서 다르게 보려는 거야. 여기선 세상이 달라 보인다. 믿어지지 않는다면, 직접 올라와서 한번 보거라. 어떤 것을 안다고 생각할 때도 다른 각도에서 한번 볼 필요가 있단다. 책을 읽을 때도 마찬가지야. 저자의 생각보다 너희들의 생각을 더 중요하게 생각해야 한단다. 그리고 너희의 소리를 찾는 것이 중요하다는 것을 잊지 말거라. 그러니 과감하게 도전하여 새로운 세계를 너희 눈으로 직접 확인해 보거라.

그의 말을 들은 학생들이 하나둘 책상 위에 올라갔다. 그러나 개중에는 올라가는 것을 주저하는 아이도 있고, 올라갔다 내려오는 아이도 눈에 띄었다. 그러자 그는 아이들에게 다시 힘주어 한마디 했다.

키팅 선생님: 그렇게 물러나지 마라. 단순히 올라갔다 내려오지 말고 주위를 둘러보거라.

그가 이런 퍼포먼스를 한 것은 학생들에게 더 넓은 세계를 이해하고 새로운 것을 발견하려면, 새로운 시각으로 사물을 보는 것이 중요하다는 것을 강조하기 위함이었다. 그의 가르침은 의사결정능력을 기르는 데도 매우 도움이 된다. 어떤 문제에 대해 다른 시각으로 볼 때, 비로소 어느 한쪽에 치우친 결정을 하는 오류를 피하게 되는 경우가 많기 때문이다.

다윗이 골리앗을 이긴 비결은?

다른 각도에서 보면 나의 약점이 곧 강점이 될 수 있고 상대방의 강점이 약점이 될 수 있다. 구약성경에 나오는 '소년 다윗과 거인 골리앗의 싸움'이 이에 관한 좋은 예라고 할 수 있다.

이스라엘과 블레셋이 한창 전쟁을 벌이던 상황이었다. 그런데 블레셋에서는 키가 3미터는 됨직한 엄청난 장수 골리앗이 나타나 이스라엘군을 공격하는 선봉장으로 나섰다. 그러자 이스라엘군은 사기가 떨어져서 감히 골리앗을 대적할 엄두를 내지 못했다. 이스라엘의 사울왕이 골리앗을 치는 자에게 상금과 딸을 주겠다고 해도 겁에 질려 아무도 그를 대적하려고 나서지 않았다.

이때 마침 다윗은 아버지가 전장에 나가 있는 형들에게 먹을 것을 갖다 주라고 하여 그곳에 갔다가 골리앗을 보게 되었다. 그는 전후 사정을 듣고 사울 왕에게 가서 자신이 골리앗을 물리치겠다고 했다. 처음에 사울 왕은 조그만 소년인 다윗을 보고 기가 찼으나 사정이 너무 절박해서 다윗에게 골리앗을 물리치라고 했다. 그리고는 자신의 칼과 갑옷을 주었다. 하지만 소년 다윗에게 사울 왕의 갑옷과 칼은 너무 커서 맞지 않았다. 그래서 다윗은 그냥 지팡이와 물매와 조약돌 몇 개만 주머니에 넣고 블레셋 진영에 있는 골리앗에게 나아갔다. 이 모습을 본 골리앗은 다윗에게 자신을 개로 아느냐며 비웃었다. 다윗은 그 순간 얼른 조약돌 하나를 주머니에서 꺼내 물매에 얹어 돌리다가 골리앗을 향해 힘껏 던졌고, 돌은 그의 이마에 정확하게 박혔다. 그러자 그 거대한 골리앗이 한순간에 고꾸라졌다.

여기서 잠깐 생각해보자. 소년 다윗이 거인 골리앗과 싸우기 위해서 사울 왕이 준 갑옷과 칼로 근거리에서 맞서 싸웠다면 어떻게 되었을까? 결과는 뻔하다. 몸집이 작고 약한 다윗은 도저히 거인 골리앗을 당해낼 재간이 없었을 것이다.

그러나 다윗은 몸이 작은 대신 날렵했고 목동으로 있을 때 양 떼를 공격하는 이리 떼를 쫓기 위해서 평소에 늘 연습하던 돌팔매 솜씨를 골리앗과의 싸움에서 발휘하기로 결정했다. 그러면 몸집이 너무 커 동작이 우둔한 골리앗은 그의 공격을 피할 길이 없을 것이라고 생각한 것이다. 그의 예상은 적중했다. 이처럼 다윗은 자기에게 주어진 문제를 새로운 각도에서 볼 수 있었기 때문에 객관적으로 절대 열세인 상황에서도 골리앗을 물리칠 수 있었다.

오랫동안 풀리지 않는 문제로 어려움을 겪게 되면, 차라리 조금 쉬거나 아예 다른 생각을 해보라. 그러면 의외로 문제의 실마리가 풀리는 경우가 종종 있다. 그 이유는 다음과 같다. 풀리지 않은 문제를 계속 끌어안고 있으면 같은 생각을 담당하고 있는 뇌 회로만 계속해서 사용되기 때문에 해결책이 생각나지 않는다. 하지만 조금 쉬거나 다른 일을 하면, 문제를 담당하는 뇌 회로가 다른 회로와 연결이 되면서 기존에 생각해보지 못한 것이 떠오르는 경우가 있기 때문이다.

이는 아이에게도 마찬가지다. 아이가 감당하기에 약간 어려운 문제로 인해 고민하고 있을 때, 다른 각도에서 문제에 접근해보라고 해보자. 그러면 아이는 자신도 모르게 기발한 아이디어가 떠올라 문제를 해결할 수도 있다.

Part 6

실천력과
의사결정능력

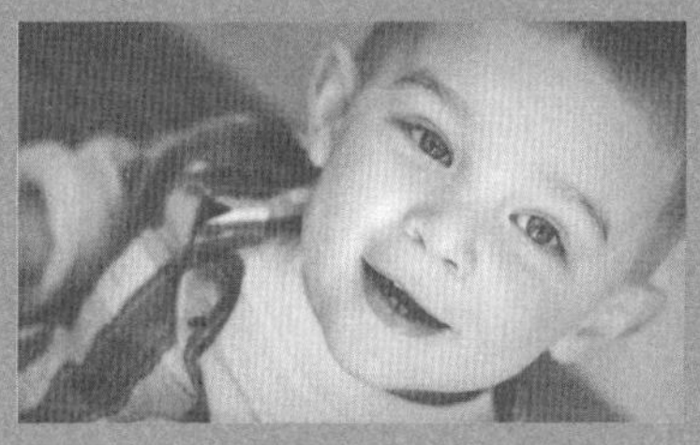

35 착한 사마리아인의 의사결정

남을 이롭게 하는 사마리아인의 의사결정

아들: 아빠는 머리가 부자라서 좋으시겠어요.

아버지: 그게 무슨 말이냐?

아들: 지식이 많으시잖아요?

아버지: 머리보다 가슴이 부자여야지.

박영희의 《하늘 사다리》 중에서

성경에 착한 사마리아인의 일화가 나온다.

예루살렘에서 여리고로 가는 여행길에 강도를 당하여 옷이 벗겨지고 몸을 심하게 다쳐 정신을 잃은 채 피를 흘리고 있는 사람이 길바닥에 버려져 있었다. 그때 길을 지나던 유대교의 제사장은 그를 보았지만 외면했고, 이스라엘 백성 중에 특별하게 하느님의 부름을 받은 레위인도 그를 보지 못한 체하고 지나쳤다. 그러나 이스라엘 백성으로부터 죄인이라고 무시당하던 한 사마리아인은 그 사람을 불쌍하게 여겨 상처에 포도주를 부어 소독하고 기름을 발라 임시로 치료해준 후, 그를 나귀에 태워 여관까지 데리고 갔다. 그리고 여관 주인에게 돈까지 맡기며 그 환자의 치료를 부탁했다.

이 사마리아인처럼 위기에 빠진 사람들을 돕는 결정을 해야 할 순간이 있다. 이때 내리는 의사결정에 따라 착한 사마리아인이 되기도 하고, 남의 불행을 외면하고 지나갔던 제사장이나 레위인이 되기도 한다. 하지만 착한 사마리아인의 선행은 사람들의 마음속에 남아 영원한 감동을 준다.

앤도 미키와 이수현의 의사결정

2011년 3월 11일 진도 9의 강력한 지진이 해일을 만들어 일본을 강타할 당시, 일본 미야기 현에서 공무원으로 일하던 25세의 젊은 여성 앤도 미키도 그 긴박한 현장에 있었다. 그녀는 빠른 시간 내에 의사결정을 해야 했다. 우선 자기 목숨을 건지기 위하여 혼자 높은 곳으로 피해야 할지 아니면 동사무소 옥상에 있는 방송실에 올라가 주민들이 대피할 수 있도록 긴급 방송을 할지를 말이다. 그러나 이런 위급한 순간에도 그녀는 자신이 죽을 줄 뻔히 알면서도 지역 주민들을 살리기로 하고 대피 방송을 내보냈다.

"10m 높이의 거대한 쓰나미가 몰려오고 있습니다. 마을 주민들은 어서 빨리 고지대로 대피하세요."

이 사건 이후 일본의 여러 언론매체에서 그녀의 삶을 조명하는 시간을 가졌는데, 그때 다음과 같은 사실이 알려졌다.

그녀는 어릴 때부터 부모에게 자기보다는 남을 위해 사는 삶이 더 가치 있음을 배웠고 그것을 꾸준히 실천해왔다. 이런 기초소양이 있었기 때문에 그녀는 자신의 목숨과 맞바꾼 의사결정을 하는 데에도 오랜 시간이 걸리지 않았다. 실제로 그녀는 집채 더미만한 거대한 쓰나미에 의한 죽음의 공포 속에서도 끝까지 마이크를 거머쥐고 긴급 대피 방송을 하면서 마을 사람들을 한 사람이라도 더 살리려고 노력하다가 쓰나미에 쓸려가고 말았다. 그리고 그날로부터 43일이 지난 2011년 4월 23일 바다를 떠다니는 온갖 부유물 속에서 차디찬 시신으로 발견되었다.

앤도 미키의 뒤늦은 상례식에 참여했던 많은 마을 사람들은 그녀의 방송 덕분에 목숨을 건질 수 있었다며 눈물을 흘리며 감사했다. 목숨이 촌각에 달렸던 순간에 다급하게 외치며 대피 안내 방송을 하던 그녀의 목소리는 마치 하늘에서 들려오는 천사의 목소리 같았다고 한다. 모두가 그녀를 진심으로 애도했다. 죽음을 앞둔 순간에도 남을 배려하는 그녀의 이야기는 일본 교과서에도 실렸다. 이렇게 순간적으로 이루어졌으나 영원히 남을 착한 사마리아인의 이타적인 의사결정은 세월이 아무리 흘러도 사람들 마음속에서 사라지지 않을 것이다.

여기 또 다른 감동적인 착한 사마리아인의 이야기가 있다. 그는 한국의 아름다운 청년 이수현이다. 2001년 1월 26일 오후 7시 20분경, 일본 도쿄 신주쿠 지하철 야마노텐 선 신오쿠보 역에서 일어난 일이다. 술에 취한 한 일본인이 갑자기 지하철 플랫폼에서 미끄러져 철로로 떨어졌다. 그런데 그 순간 저 앞에서 그를 향해 지하철이 다가오고 있었다.

이때 맞은편 플랫폼에 있던 한 젊은이가 조금의 망설임도 없이 철로로 뛰어들었다. 그리고 팔로 그 지하철을 멈추려는 듯한 자세를 취했다. 이 모습을 본 또 한 사람이 그들을 구하려고 철길로 뛰어들었다. 그렇지만 갑자기 다가온 거대한 지하철은 한순간에 세 사람의 목숨을 앗아가 버리고 말았다.

남의 생명이 위급할 때 자신의 안전을 고려하지 않고 가장 먼저 철길에 뛰어들었던 젊은이가 바로 일본에서 유학생활을 하고 있던 대한민국의 청년, 이수현이었다. 그의 희생적인 행동은 개인주의에 젖어있던 1억 2천만 명의 일본인들의 심금을 울렸다. 그래서 지금도 그의 기일이 되면 일본에서는 추모 모임을 갖는다고 한다.

사실 우리 사회에는 아직도 머리보다 가슴이 부자인 사람들이 적

지 않다. 비록 사회가 점점 더 이기적으로 되어가고 있지만 어렸을 때
부터 남을 배려하고 불쌍한 사람을 돕는 법을 배우며 자란 아이는 이
후에 착한 사마리아인으로 자랄 것이다. 그리고 세상은 이런 사람을
영원히 기억할 것이다.

36 배려와 포용의 의사결정능력을
키워주어라

남을 알고 나를 알면 함께 이긴다

이솝 이야기 중에 〈여우와 두루미〉라는 이야기가 있다. 자기 생일에 두루미를 초대한 여우는 맛있는 음식을 접시에 내놓아 대접했다. 긴 부리를 가진 두루미는 납작한 접시에 담긴 음식을 하나도 먹지 못했지만 여우는 맛있게 먹었다. 두루미는 여우를 괘씸하게 생각하면서 배가 고픈 상태로 집에 돌아왔다. 며칠 후, 두루미도 맛있는 음식을 차려놓고 여우를 초대했다. 그런데 이번에는 두루미가 긴 호로병에 음식을 담아 여우에게 내주었다. 두루미는 긴 부리를 이용하여 맛있게 음식을 먹었지만 여우는 그 음식을 먹을 수 없었다. 이 우화에서 우리는 자신의 입장에서만 생각하고 행동하면 안 된다는 교훈을 얻게 된다.

의사결정도 마찬가지다. 나만이 아닌 상대방과 주변 사람들을 충분히 고려한 의사결정을 해야 한다. 그래야 나도 좋고 상대방도 좋은 결정을 할 수 있다. 이와 반대되는 의사결정, 즉 오직 나만이 승자가 되어야 하고 상대방은 패자가 되어야 하는 일방적인 결정은 총을 든 전쟁에서만 필요할 뿐이다. 그러나 이런 전쟁 상황에서도 휴전과 평화 협정이 이루어지는데 하물며 일상생활에서야 더 말해서 무엇하겠는가?

반기문 유엔 사무총장은 부드러운 인품으로 남을 이해하고 포용하는 매력이 있다고 한다. 그는 상대방의 얘기를 끝까지 잘 들어주고 서로가 납득할 수 있는 의사결정을 하는 것으로 유명하다. 그의 이런 성품은 어렸을 때의 모습을 통해서도 알 수 있다.

예를 들어 동생들이 서로 다투고 있을 때 어머니는 집안의 장남인 반기문에게 잘잘못을 물어보라고 했다고 한다. 그러면 기문은 동생들에게 왜 다투느냐고 야단을 치는 것이 아니라 그들의 말을 끝까지 잘 듣고 잘잘못을 가린 후 서로 화해하도록 했다고 한다.

여러 연예인이 열대 밀림에 들어가 경쟁자 그룹과 생존게임을 벌이는 모습을 사실적으로 보여준 TV 프로그램인 〈징글의 법칙〉이 한동안 인기를 끌어서 나도 종종 보곤 했다. 그때마다 나는 달인 김병만이 상대방을 배려할 뿐만 아니라 그들의 입장을 이해하고 먼저 양보하거나 소통하기 위해 노력하는 모습을 보면서 감동을 받곤 했다. 실제로 그는 물고기 한 마리를 잡아도 조금씩이라도 함께 나누었고 정글에서 강을 건너거나 계곡을 통과해야 하는 위험한 일은 언제나 누구보다 앞장서서 했다.

이와 같이 상대방을 고려하는 반 총장의 의사결정 방법과 경쟁자의 입장을 충분하게 배려하는 김병만의 의사결정 방식에는 공존과 상생의 지혜가 담겨 있다.

아이가 반 총장과 김병만처럼 상대방을 배려하는 의사결정을 하게 하려면 사람은 혼자서 살아갈 수 있는 존재가 아니라는 사실을 깨우쳐 주는 것이 좋다. 아이는 아직 사회의 경험이 적기 때문에 다른 사람의 도움 없이는 살아갈 수 없다는 사실을 잘 알지 못한다. 따라서 평소에는 쉽게 지나칠 수 있는 사람들, 가령 농부와 버스 기사, 선생님, 군인 아저씨 등의 노고에 대해서 감사하는 마음을 갖도록 해야 한다.

내가 아니라 우리가 먼저다

"선생님께서 베풀어 주시던 사랑 말고도 제가 어린 시절 선생님을 통하여 글을 읽고 쓰는 법을 배워, 오늘날 학문을 하게 되었고 숫자를 배워 돈을 헤아리는 법을 배울 수 있었습니다. 지금에 와서 생각해보니 선생님의 은혜는 참으로 높고도 높다는 것을 알게 되었습니다."

이 글은 스승의 날을 맞이하여 내 친구가 중학교 은사님에게 보낸 편지 내용 중 일부다. 친구는 지난날 선생님의 땀방울과 노력이 있었기에 지금까지 행복하게 살 수 있었다며 선생님께 진심으로 감사한 마음을 전했다.

고대 그리스 철학자 아리스토텔레스는 인간을 '사회적 동물'이라고 했다. 그의 말대로 인간은 다른 사람들과 부단하게 관계를 맺고 살아가지 않으면 생존 자체가 불가능한 존재이다.

그런데 요즘 부모 중에는 자녀들이 약간의 어려움이나 곤란도 겪지 않도록 끊임없이 돌봐주려고 하는 사람들이 많다. 하지만 가정에서 너무 귀여움을 받고 자라 자기만 생각하는 이기적인 아이들이 점점 늘어나고 있어서 걱정이 앞선다.

앞으로 전개될 네트워크 시대에는 서로 협력하면서 공동의 목표를 이루어가는 것이 그 어느 때보다 중요해질 것이다. 따라서 자기도 중요하지만 다른 사람을 배려하며 더불어 살아가는 지혜를 길러주어야 한다. 그렇지 않으면 사회에서 도태되고 말 것이다.

아이들은 생각하는 시야가 좁기 때문에 자기 주변의 상황에 대해 잘 모를 때가 많다. 그래서 평소에 상대방을 배려하는 의사결정을 하도록 가르치기 위해 노력해야 한다.

예를 들어 가정에서 아이가 책을 보거나 장난감을 가지고 놀고 나서 정리해놓지 않을 때, 무조건 엄마가 치우지 말고 아이에게 그 모습을 보여주고 엄마가 치우려면 얼마나 힘들까에 대해 생각해보게 하자. 또한 형제끼리 장난감을 가지고 다툴 때 싸우지 않고 서로가 만족할 수 있으려면 어떻게 해야 하는지에 대해 토론하는 시간을 가져보자.

여건이 된다면 보육원이나 양로원에 아이를 데려가서 함께 봉사하는 것도 좋은 방법이다.

아이들은 이러한 경험을 통해서 서로 돕고 사는 것의 중요성을 알고 이를 실천할 것이다.

37 아이의 도덕성을 길러주어라

아는 것과 행하는 것은 동전의 양면이다

인간에게는 누구나 '측은지심'이 있다. 측은지심이란 다른 사람들의 어려운 처지를 불쌍하고 가엽게 여기는 마음을 말한다. 하지만 이런 마음이 있다고 해서 모두 실천에 옮기는 것은 아니다. 그래서 주자학을 집대성하여 중국 사상계의 큰 영향을 끼친 주자는 아는 것도 중요하지만 이보다 더 중요한 것은 행동하는 것이라고 강조했다. 그 후 주자학이 이론에 치우쳐 행동을 하지 않는 탁상공론에 머물자, 명나라의 왕수인은 양명학을 창시하여 아는 것과 행하는 것은 분리된 것이 아니라 동전의 양면과 같이 하나라고 주장하며 행동의 중요성을 역설했다.

부모로서 당신은 말과 행동이 일치하는가? 다른 사람의 아픔을 당신의 아픔으로 여기고 행동으로 옮기는 편인가, 아니면 '형편이 나아지면', '상황이 좋아지면' 하고 뒤로 미루면서 행동으로 옮기지 못하고 있는가? 그러나 이 모든 것을 아이들이 보고 있다.

앞서 언급했듯이 사람에게는 다른 사람을 모방하는 거울신경이 특히 발달되어있어, 아이들은 이 신경회로를 통해서 부모의 행동을 따라한다. 그런데 놀라운 사실은 이 신경세포가 모여 만들어진 거울신경회로는 단순히 행동을 모방하는 것이 아니라, 행동의 의도까지 따라 한다는 것이다. 그래서 엄마가 아이를 사랑으로 안아주면 아이도 인형을 사랑하는 마음으로 안아주지만, 건성으로 안아주면 아이도 건성으로 인형을 안아준다고 한다.

그러므로 아이가 아는 것을 행동으로 옮기는 결정을 할 수 있도록 가르치려면, 무엇보다 부모의 '지행일치'가 중요하다. 지행일치는 특히 도덕성과도 관계가 있다. 옳은 일을 알고도 행치 않을 때 양심에 거리낌을 느꼈던 적이 있을 것이다. 이는 인간에게 도덕성이 있기 때문이다.

지금까지 연구 결과에 의하면 도덕성이 높은 아이들이 자제력, 책임감, 분별력 등이 우수한 것으로 나타났다. 그래서 도덕성이 높은 아이들이 자아에 대한 이미지가 좋아 자존감이 높고 주어진 일을 효율적으로 수행하며, 자신만이 아니라 다른 사람을 배려하면서 행동한다고 한다.

마이크로소프트사의 창업자인 빌 게이츠는 매년 크리스마스를 앞
둔 저녁 식사 자리에서 엄마로부터 "이번 크리스마스에 네 용돈의 얼
마를 구세군에 기부할 생각이니?"라는 질문을 받으며 자랐다고 한다.
이런 가르침 덕분에 빌 게이츠는 자신의 성공을 사회에 환원하는 것
을 실천하지 않았을까?

빌 게이츠뿐만 아니라 사실 사회적으로 성공한 사람들은 높은 도
덕성을 가진 것으로 유명하다. 링컨이 그랬고, 미국의 백화점 왕 워너
메이커, 유한 킴벌리의 창업자 유일한 박사 등도 말과 행동이 같은 사
람, 즉 도덕성이 뛰어나면서도 사회적으로 큰 공헌을 한 사람으로 평
가받고 있다.

이들은 양심에 옳은 일이라면 그것이 자신에게 피해가 되더라도 실
천했다. 물론 그로 인해 당장은 어려움을 겪었지만 나중에 그러한 행
적이 많은 사람들에게 알려져 링컨은 미국의 대통령이 되었고, 워너
메이커는 백화점의 아버지가 되었으며, 유일한 박사는 가장 도덕적인
기업가라는 명예를 얻었다.

이처럼 아이의 도덕성을 길러주는 일은 아이를 위해서도 중요하지
만 사회의 발전을 위해서도 반드시 필요한 덕목이다.

남을 이롭게 하는 결정을 하도록 가르쳐라

아이에게 다른 사람의 입장에서 생각하는 역지사지의 정신을 어떻

게 길러줄 수 있을까? 아이에게 틀에 박힌 말로만 설명해주는 데는 한계가 있으므로, 구체적인 상황을 가정해서 생각해보는 시간을 가져보게 하는 것이 효과적이다. 가령 버스를 탔을 때 연장자에게 자리를 양보하는 것에 대해, 다음과 같은 상황을 가정해서 이야기해보자.

"너랑 아빠랑 집에 가기 위해 버스를 탔는데, 마침 두 자리가 비어 있는 거야. 그래서 거기에 함께 앉아 두런두런 얘기를 하면서 집에 가고 있었지. 그런데 서너 정거장을 미처 가지 못해서 연로하신 노부부가 짐을 들고 탔단다. 이럴 때는 어떻게 해야 할까?"

이 문제에 대해서 아이와 함께 어떻게 결정하는 것이 노부부를 위한 최선인지에 대해서 네 단계로 나누어 생각해보는 시간을 가져보자.

첫째, 주어진 상황에서 어떻게 하는 것이 상대방에게 유익이 될지를 생각하도록 한다. 물론 아이가 힘들거나 아빠(엄마)와 더 얘기하고 싶어 자리를 양보하기 싫다고 할 수 있다. 그럴 때는 할머니와 할아버지는 서 있을 때 젊은 사람보다 힘이 더 든다고 설명해주자.

둘째, 문제에 대해 적절한 해결 방법을 선택하도록 도와준다. 아이가 자리를 양보하기 싫다고 하면 그 이유를 물어보자. 아이가 아빠와 더 얘기하고 싶다거나 서 있는 것이 힘들 것 같아 앉아있고 싶다고 할 수 있다. 그러면 자리를 양보하고 버스에서 내려서 빵집이나 패스트푸드점에 가서 더 얘기하며 쉬었다 가도 된다고 말해주자.

셋째, 아이가 스스로 결정하여 행동하게 한다. 아이에게 무조건 자리를 양보하라고 하지 말고, 스스로 결정할 수 있도록 기회를 주자.

넷째, 자신의 행동이 자신과 다른 사람에게 어떤 영향을 주는지 평가하게 한다. 아이가 자리를 양보했든 그렇지 않았든 그것이 어떤 결과로 나타날지 생각해보게 한다.

자리를 양보한 경우에는 다리가 아프고 아빠와 이야기를 하지 못해 아쉬울 수도 있지만, 노부부가 힘들지 않고 편안하게 버스를 타고 목적지를 갈 수 있을 것이다.

만약 자리를 양보하지 않았다면 조금 편하게 갈 수 있을지 모르지만 가는 내내 마음이 편치 않을 것이다. 또는 이후에 몸이 아프거나 나이가 들어 다리에 힘이 없을 때 자리를 양보해주는 사람이 없다면 지난날 행동이 매우 이기적이었다는 것을 알고 후회하게 될지도 모른다.

이외에도 아이와 함께 여러 가지 상황에 대해 가상으로 이야기를 만들어 생각해보는 시간을 가져보자. 그러면 아이는 세상을 보는 이해의 폭이 넓어져서 다른 사람과 더불어 이기는 결정을 하기 위해 노력할 것이다.

38 실천력을 키워주어라

목표를 세웠으면 실천하게 하라

의사결정능력은 실천력이 뒷받침되지 않으면 무용지물이다. 아무리 결정을 잘한다고 해도 이를 실천에 옮기지 않는다면 아무 소용이 없기 때문이다. 따라서 자녀가 의사결정을 한 후에는 먼저 목표를 신중하게 세우고 실천할 수 있도록 도와주어야 한다.

예를 들어 아이의 장래 희망이 과학자라면, 재미있는 과학자의 위인전을 추천해주고, 물리학, 화학, 생물학, 천문학 등으로 유명한 대학의 홈페이지와 유명 과학자의 블로그를 알려주는 것도 좋은 방법이다. 또한 과학자들에 대한 재미있는 에피소드를 들려주는 것도 좋다. 아이가 과학자가 되고 싶어하지만 수학이나 과학 과목에 어려움을 겪고 있다면, 아인슈타인도 학창시절에 수학이나 과학 과목에서 낙제점을 받았다는 이야기를 소개해보자. 그러면 아이는 세계적인 천재 과학자도 처음부터 유명해진 것이 아니라, 수많은 어려움을 극복하여 그 자리까지 올라간 것을 알고 더 열심히 공부해야겠다는 동기부여를 받을 수 있다.

아이가 과학자가 되기로 결심하고 열심히 자기 할 일을 실천하기 시작하면, 그때부터 부모는 한발 물러서서 아이가 가는 길을 지지해주어야 한다. 때로 아이는 자신이 세운 목표를 성취하지 못해 좌절하거나 잘못된 목표를 세워 시행착오를 겪을 수도 있다. 하지만 그때도 잘못된 점을 조언해주는 선에서 개입을 그치고, 나머지는 아이가 스스로 헤쳐나올 수 있도록 해주어야 한다. 이러한 경험을 바탕으로 아이는 어려움에 봉착할 때마다 포기하기보다는 새로운 대안을 찾기 위해 노력할 것이다.

그런데 여기서 한 가지 주의할 것이 있다. 아이가 과학에 흥미를 보이지 않는데도 부모가 욕심을 내어 억지로 과학자가 되라고 강요하면 안 된다. 그것은 부모의 꿈이지 아이의 꿈이 아니다. 아이도 엄연히 독립된 인격체이므로, 자기가 하고자 하는 일에 대해 존중받을 권리가 있다.

그럼에도 아이를 과학자로 키울 욕심에 과학경시대회에 참가하라고 강요하고 방학 때마다 과학 캠프에 보낸다면 어떻게 될까? 부모의 바람과 달리 아이는 과학을 더 싫어하게 될 뿐만 아니라, 부모에 대한 불만이 쌓여 아무것도 하려고 하지 않을 수 있다. 따라서 아이의 의사를 경청해주고 정말 흥미를 보이는 분야에 집중할 수 있도록 도와주어야 한다.

아이의 실천력을 길러주기 위해서는 매우 신중한 접근이 필요하다. 부모가 너무 아이의 목표에 개입하여 일일이 간섭하면 실천력이 오히려 떨어지게 된다. 반면에 아이의 일이라고 하여 너무 자유를 주고 방치해버리면, 아이들은 난관에 부딪힐 때마다 어찌할 바를 몰라 좌절하거나 자신이 세운 목표를 포기할 수도 있다. 따라서 아이가 결정한 것을 스스로 성취해나갈 수 있도록 옆에서 늘 지켜봐 주면서 격려해주고, 때로 어려움에 빠졌을 때는 문제의 본질을 볼 수 있도록 도와주어야 한다. 그러면 아이는 느리지만 조금씩 자기가 하고자 하는 목표에 접근해나갈 것이다.

아이의 실천력은 이렇게 키운다

아이가 좀 더 나이가 들면 책임감과 실천력을 본격적으로 가르쳐야 한다. 가령 아이에게 용돈 관리하는 법, 저금하기, 요리하기, 청소하기, 가사일 돕기 등을 본격적으로 시켜보자. 주위를 돌아보면 여러 가지 일을 통해 아이의 실천력과 책임감을 길러줄 수 있는 일들이 참 많다. 공부도 중요하지만 이러한 일을 시키는 것도 공부 못지않게 아이의 인생을 풍요롭게 해줄 수 있다.

그러나 아이의 실천력을 길러준다고 하여 생각 없이 어떤 일을 밀어붙이게 하라는 것은 아니다. 실천력에는 창의력이 요구된다. 아이가 어떤 일을 실천하다가 문제에 부딪힐 때 창의력이 있는 아이라면 그 일을 스스로 헤쳐나갈 수 있지만, 창의력이 부족하면 중간에 포기할 수밖에 없다. 이를 극복하기 위해서 독서와 토론을 통해 창의적 사고를 향상시킬 필요가 있다.

때로는 아이들이 자기 능력 이상으로 어떤 일을 하다가 실패하는 때도 있을 것이다. 그런 경우에도 아이를 비난하기보다는 대화를 통하여 시도 자체는 좋았지만 아이의 수준에는 맞지 않는 도전이라는 점을 천천히 설명해주고 스스로 깨우치게 하여 다음부터는 자기 수준에 알맞은 목표를 정하도록 도와야 한다. 그러면 아이들은 이런 경험을 밑거름 삼아 이후에는 좀 더 나은 계획을 세우고 그것을 성취해나갈 것이다.

39 만족지연능력을 길러주어라

만족지연능력이 높은 아이가 의사결정도 잘한다

얼마 전 EBS 교육방송에서 아이들의 만족지연능력에 관한 프로그램을 방영했다. 이 프로그램에서 4~5세 아이들의 만족지연능력을 알아보기 위해 탁자 위에 맛있어 보이는 초콜릿과 사탕, 과자 등이 들어 있는 과자 봉지를 올려놓고 아이들에게 꺼내서 먹어보라는 과제를 주었다. 그런데 과자 봉지가 아주 단단하게 포장되어 있어서 쉽사리 뜯어지지 않았다. 실험에 참여한 아이들이 과자 봉지를 아무리 뜯으려고 해도 뜯어지지 않자, 아이들의 반응은 대략 세 부류로 나누어졌다.

첫 번째 부류의 아이들은 과자 봉지를 들고 근처에 있는 엄마에게 달려가 과자 봉지를 뜯어달라고 울면서 떼를 썼다. 두 번째 부류의 아이들은 몇 차례에 걸쳐 과자 봉지를 뜯으려고 시도하다가 뜯어지지 않자 그냥 포기했다. 세 번째 부류의 아이들은 차분하게 과자 봉지를 들고 어떻게 뜯어야 하는지 한참을 궁리하다가 온갖 노력 끝에 과자 봉지를 뜯는데 성공하고 맛있게 먹었다. 그중에는 옆에 있는 엄마에게 "과자 드실래요?"라고 말하는 아이도 있었다.

그런데 흥미롭게도 이후 방송국에서는 첫 번째 부류와 세 번째 부류 엄마들의 양육방식에 대해서 심층 취재하는 시간을 가졌다. 이 실험을 위해서 방송국에서 각 가정에 카메라를 설치하고 엄마들이 아이들을 대하는 모습을 일정 기간에 걸쳐 촬영에 들어갔다.

촬영 후 영상을 살펴보니 만족지연능력이 부족한 아이들의 엄마는 평소에 아이들이 무슨 불만을 얘기하면 즉시 그 문제를 해결해주고, 아이들에게 문제를 해결할 기회를 주지 않았다. 그리고 아이를 돌볼 때 지나치게 떼를 쓰고 울면서 보채면 일정한 시간은 잘 참고 설득하다가도, 끝내 아이들이 도가 넘는 떼를 쓰면 갑자기 화를 내면서 아이들을 윽박지르기도 했다. 이런 환경에서 자란 아이들은 대부분 매사에 슬금슬금 엄마의 눈치만 살피면서 행동했고 자기의 욕구가 채워지지 않을 때는 신경질적으로 반응했다.

하지만 만족지연능력이 높은 세 번째 부류에 속하는 아이들의 엄마는 달랐다. 아이가 어떤 문제에 부딪혀서 도움을 요청하면 당장 문제를 해결해주는 것이 아니라 문제 상황에 대한 대화부터 시작했다. 그중 한 가정에서 일어난 일이다.

장난감을 서로 가지고 놀려고 형과 말다툼을 벌이던 동생이 엄마에게 찡찡거리면서 도움을 요청했다. 무조건 힘이 센 형을 꾸중하는 대신 엄마는 형에게 다른 장난감들을 보여주면서 이 장난감은 어느 점이 재미있고 저 장난감은 어느 점이 재미있다는 식의 설명을 해주고 "너라면 어떻게 하겠니?"라고 자상하게 묻자, 형은 동생에게 장난감을 양보하고 다른 장난감을 택했다.

그리고 이 엄마는 형제가 다툴 때마다 형에게 동생과의 갈등을 풀면서 화해할 수 있는 여러 가지 방법만을 제시했다. 그리고 형에게 그중에서 가장 마음에 드는 방안을 선택해보라고 했다. 또한 어느 경우든지 엄마가 먼저 나서서 그 문제를 직접 풀어주지는 않았다. 나중에 아이들이 서로 이해하고 화해했을 때 칭찬과 격려만 해주었을 뿐이다.

이 방송은 스스로 문제를 해결하고 결정을 하도록 지도해주고 격려해준 환경에서 자란 아이들이 만족지연능력도 높다는 사실을 잘 보여주고 있다. 그리고 시간이 걸리더라도 아이의 능력을 발휘할 수 있도록 기회를 주고 실패를 해도 격려해주어야 만족지연능력이 높아진다는 것 또한 눈여겨볼 만한 점이다.

인내의 열매는 달다

흔히 수학과 물리를 포함한 과학은 끈기와 만족지연능력이 있는 아이들이 잘한다고 한다. 왜냐하면 주어진 현상을 보면서 연관된 다른 개념과 동일한 원리를 떠올리거나 연계시킬 수 있는 수리적인 종합 사고능력은 한순간에 길러지는 것이 아니라 끊임없이 이에 대해 사고하는 과정을 거쳐야 높아지기 때문이다. 실제로 세계적인 과학자나 수학자들 중에는 어떤 것에 의문이 들면 그것이 해결될 때까지 식음을 중단하거나, 그 문제가 풀릴 때까지 해법을 찾는 것을 멈추지 않는다고 한다. 때로는 그 기간이 수십 년간 지속될 때도 있다고 한다.

예를 들어 아인슈타인은 천재적인 두뇌를 가지고 있었지만 그가 세계적인 물리학자가 될 수 있었던 것은 그뿐만 아니라 곰 같은 끈기와 만족지연능력이 있었기 때문이었다. 그는 십대 때부터 다양한 분야의 수많은 책을 섭렵했고, 스위스 특허청에서 일할 때는 업무를 재빨리 끝내고 물리학과 수학 연구에 매진했다. 이러한 역량이 바탕이 되었기 때문에 그는 16살에 품었던 의문점을 10여 년간 연구하고 탐구한 끝에 마침내 1905년에 세계 물리학계에 한 획을 그은 '특수상대성이론'을 발표할 수 있었다.

그렇다고 수학과 물리 등의 학문에만 끈기와 만족지연능력이 필요한 것은 아니다. 모든 분야에서 그 능력은 빛을 발한다. 근내 조선 말엽부터 현대에 이르는 최 참판 댁이라는 한 양반가문의 흥망성쇠와 그 암울했던 시대를 치열하게 살다간 민초들의 생생한 삶의 모습을 담아낸 《토지》를 지은 박경리 선생. 이 방대한 대하 장편소설을 창작하기 위하여 그녀는 오랜 세월 동안 온몸을 다 불사르는 투혼을 발휘했다. 조정래 선생이 지은 대하소설《태백산맥》역시 수년에 걸친 창작 작업으로 작성한 원고가 사람 키에 가까울 만큼 쌓였다고 한다. 그만큼 이 소설을 위해 작가가 온갖 어려움을 견뎌내고 집중했던 것이다.

이처럼 만족지연능력이 높은 사람들은 당장의 고난에 쉽게 포기하는 것을 선택하지 않고, 모든 과정에 의미부여를 하여 최선의 결정을 하면서 그것을 실행에 옮겼다. 그러므로 자녀가 자신의 분야에서 성공하기를 바란다면, 어떤 난관이 와도 이를 극복할 수 있는 만족지연능력을 길러주는 데 최선을 다해야 할 것이다.

40 손해에 대한 두려움을
버리게 하라

정주영 회장의 과감한 의사결정

의사결정을 해야 하는 순간 주저하게 만드는 것 중 하나는 '손해에 대한 두려움'이다. 모든 조건이 불확실한 상태라면 '이렇게 결정하면 손해 보는 게 아닐까?' 하는 두려움은 누구에게나 있게 마련이다. 그러나 위험 없는 성공이 어디 있겠는가!

'현대' 그룹을 세계적인 기업으로 만든 정주영 회장은 앞이 안 보이는 불확실한 상황에서도 긍정적인 사고를 바탕으로 의사결징을 했던 것으로 유명하다. 그중에서도 우리나라에 최초로 조선소를 건설한 이야기는 정말 드라마틱하다.

자본도 변변치 못한 상황에서 정주영은 무엇을 믿고 세계적인 조선소를 건설하려는 무모한 의사결정을 했던 것일까? 조선소를 건설하려면 막대한 자본도 문제였지만, 조선소를 건설한다고 해도 더 큰 문제가 버티고 있었다. 그 당시 우리나라는 선박 제조 수준이나 제반 여건이 열악했기 때문에, 설령 조선소 건설에 성공한다고 해도 다른 나라로부터 선박 수주가 제대로 이루어질지도 미지수였다. 만약 배를 주문받지 못하면 조선소에 투자한 돈을 다 날릴 수도 있었다. 그럼에도 정주영은 이런 손해에 대한 두려움보다 미래를 향한 비전을 보고 저돌적인 추진력을 발휘하여 조선소를 건설하기로 결정했다.

"하늘은 스스로 돕는 자를 돕는다."라는 말이 있듯이, 그때 마침 정주영은 영국에서 대형 선박을 만들기 위하여 국제적으로 유명한 선박업체들이 참여하는 국제 공개입찰을 한다는 뉴스를 접하게 되었다. 그는 이 소식을 듣자마자 조선소가 들어설 텅 빈 부지의 사진 한 장과 거북선이 그려진 500원짜리 지폐만을 가지고 영국으로 건너갔다. 그는 이렇게 도저히 불가능한 일에 첫발을 내디뎠다.

정주영은 영국 관계자들에게 거북선이 그려진 500원짜리 지폐를 보여주며 거북선이 만들어진 과정에서부터 성능까지 거북선에 대한 모든 것을 자세하게 설명했다. 그는 한국은 옛부터 우수한 성능을 가진 선박을 잘 만들 수 있는 기술을 가진 조선 강국으로서, 영국에서 자본을 빌려 준다면 그 돈으로 조선소를 만들고 최고의 선박을 제작하여 납품할 수 있다고 끈질기게 관계자들을 설득했다.

조선소도 없는 회사가 어떻게 대형 선박을 만든다는 것인지 도저히 납득이 가지 않는 제안이었지만, 놀랍게도 영국의 관계자들은 그의 용기와 열정과 두둑한 배짱에 감동하여 그에게 조선소를 건설할 막대한 자금을 차관 형식으로 빌려주기로 결정했다. 그리고 정주영은 약속한 그대로 조선소를 세워서 전 세계를 놀라게 했다.

그는 늘 어떤 일을 시도하기 전에, "무슨 일이든 된다는 확신 90%와 반드시 되게 할 수 있다는 자신감 10%만 있으면 무슨 일이든 다 된다. 나는 '안 된다'는 식의 생각을 단 1%도 해본 적이 없다."라고 말하곤 했다. 그리고 평생 자신이 말한 것을 그대로 실천했다. 이런 정주영식 의사결정 방식은 처음부터 손해에 대한 두려움은 전혀 없이 '하면 된다'라는 저돌적인 도전 정신과 성공을 향한 긍정적인 마인드가 있었기에 가능했다.

물론 일을 하려고 할 때, 철저하게 계산하면서 앞뒤로 재어보고 여러 가지 요인들을 면밀하게 분석하여 성공 여부를 가늠해 보는 것도 필요하다. 하지만 지나치게 신중하여 손해에 대한 두려움만을 고려하다 보면 의사결정을 제대로 할 수 없다. 따라서 기회가 왔다고 판단될 때에는 두렵더라도 과감하게 도전하는 정신이 필요하다.

당장의 손해는 아무것도 아니다

며칠 뒤에 있는 웅변대회에 나가려고 대회 참가신청을 한 아이가

있었다. 그런데 이 아이는 평소에는 말을 잘하다가도 다른 사람 앞에
만 서면 자신감을 잃어버리고 말을 더듬고 얼굴이 붉어지곤 했다. 그
래서 웅변대회 날짜가 가까워져 오자 걱정이 된 아이는 대회장에서 말
을 더듬거리다가 창피만 당하고 내려올 것 같다며 엄마에게 웅변대회
에 나가지 않겠다고 말했다. 하지만 엄마는 "만약 네가 이번 웅변대회
에 나가지 않으면 평생 여러 사람 앞에서 말하는데 어려움을 겪을 수
도 있단다. 정말 그렇게 되기를 바라는 것은 아니겠지? 용기를 내렴.
너는 잘할 수 있단다."라며 용기를 북돋아 주었다.

아이는 엄마의 격려에 애써 두려움을 떨쳐버리고 웅변대회에 나가
기로 결정했다. 그런데 걱정과는 달리 웅변을 잘하여 청중들로부터 우
레와 같은 박수는 물론 우수상까지 받았다. 그는 지금 자신의 공약을
잘 실천할 뿐만 아니라 설득력과 신뢰감 있는 연설을 하는 것으로 유
명한 정치인이 되었다. 그는 지금도 기회가 있을 때마다 자신이 성공
한 정치인이 될 수 있었던 것은 어렸을 적 어머니가 용기를 주어 웅변
대회에 나갔던 것이 계기가 되었다고 말하곤 한다.

물론 현실의 벽이 때로는 넘을 수 없을 만큼 커 보일 때도 있고, 여
러 번 실패한 경험 때문에 새로운 일을 하는 데 주저할 수도 있다. 그
러나 눈앞에 보이는 난관 때문에 지레 겁을 먹고 의사결정을 하지 못
하고 머뭇거리는 것보다는 차라리 과감하게 도전을 해보는 것이 더 나
을 때도 있다. 설령 실패하더라도 자신의 문제점이 무엇인지를 알게

되어 개선할 기회로 삼을 수 있기 때문이다.

지금 아이가 어떤 일을 하려고 하지만 실패할까 봐 주저하고 있지는 않은가? 그렇다면, 모든 책임은 아빠(엄마)가 질 테니 한번 과감하게 도전해보라고 용기를 주자. 이러한 두려움은 어쩌면 통과의례일 수 있다. 하지만 한 번 통과하면 아이는 더 이상 두려움의 포로가 되어 소극적인 인생을 살기보다는 적극적으로 자신의 가능성을 믿고 과감하게 도전하며 살게 될 것이다.

41 감정의 주인이 되게 하라

감정에 지배를 당하면 올바른 의사결정을 못한다

사람은 감정의 동물이다. 그러나 사람은 동물과 달리 자신의 기질과 성격에 따라 감정을 조절할 수 있는 능력이 있다. 감정을 조절하는 것은 매우 중요한데, 특히 의사결정 과정에서 감정에 너무 지배당하면 이성을 제대로 발휘하지 못해 불합리한 결정을 할 수도 있다. 따라서 올바른 의사결정을 하려면 감정에 치우치기보다는 이성을 냉철하게 발휘해야 한다.

사람마다 감정을 다스리는 방식이 다르다. 신중하게 자신의 감정을 조절하여 이성적으로 행동하는 사람이 있는가 하면, 감정을 제대로 조절하지 못하고 다혈질적으로 행동하는 사람도 있다. 이에 관해서 《삼국지》에 나오는 인물을 참고할 필요가 있다. 특히 유비, 관우, 장비가 감정을 처리하는 방식과 의사결정 과정이 극명하게 차이가 나는 것을 알 수 있다.

유비는 맏형답게 감정을 잘 이용할 줄 알았다. 어느 때는 비굴하게 보일 만큼 감정 조절을 잘하여 적의 위협에서 벗어나기도 했다. 그는 힘이 없어 조조에게 의탁하던 시절, 조조와 식사를 하다가 갑작스럽게 친 천둥소리에 짐짓 놀라는 체하며 밥상 밑으로 숨었다. 자신이 얼마나 옹졸하며 소심한지를 조조에게 보여주려는 의도에서 그렇게 한 것이다. 또한 자신을 연못에 갇혀 있는 용으로 보고 장래에 천하의 패권을 다툴 수 있는 경쟁자로 취급하던 조조를 안심시키기 위한 포석이기도 했다.

그리고 유비는 어떠한 상황이 와도 끝까지 감정에 동요하지 않고 현명한 의사결정을 하기 위해 노력했다. 그는 노환으로 죽음을 목전에 둔 상황에서 제갈공명을 불렀다. 그리고 유언하기를 자기 아들이 유약하고 현명하지 못하니 촉나라를 위하여 아들 대신 그에게 황제가 되어달라고 했다. 이런 유비의 뜻에 감읍한 제갈공명은 눈물을 흘리며 촉나라에 끝까지 충성할 것을 마음속으로 나짐했다. 유비가 이렇게 말한 것은 물론 공명이 자기 아들을 더욱더 충성스럽게 받들게 하기 위함이었다.

그런데 유비의 의형제인 동생 관우는 어땠는가? 그는 훌륭한 무장이었지만 지나치게 자만심이 강했다. 그래서 형주를 다스리고 있을 때 국경을 맞대고 있는 오나라의 황제 손권이 자기 아들과 관우의 딸의 혼사를 제의하자, 호랑이의 자식과 개의 자식이 혼사를 맺을 수 없다며 강경한 태도를 보였다. 그러자 손권은 대로하여 곧바로 군사를 일으켜 형주로 쳐들어가 성을 유린하고 관우의 목을 베어버렸다.

의형제의 막내, 장비는 매사에 성급한 성격 탓에 언제나 유비와 관우를 비롯한 주변 사람들에게 걱정을 끼치곤 했다. 그리고 이런 불같은 성격 탓에 그는 끝내 불행의 나락으로 떨어지고 말았다. 의형제인 관우가 오나라 손권에 의하여 갑작스러운 죽임을 당하자, 장비는 형의 복수를 다짐하며 군사를 일으켰다. 그런데 장비는 관우의 죽음을 애도한다는 명목으로 3일 안에 전 군사에게 흰 상복을 입히라며 부하 장수들을 닦달했다. 그러자 맹달을 비롯한 여러 장수들이 이에 앙심을 품고 장비를 암살했다.

우리나라 인물 중에 감정을 잘 다스린 장수로는 단연 이순신을 들 수 있다. 임진왜란 기간 그가 직접 기록한 《난중일기》를 보면, 조선을 침범한 왜적에 대한 적개심을 앞세워 순간적으로 충동하기보다는 냉철한 이성으로 감정을 억제하며 적을 제압할 때를 기다린 것을 알 수 있다.

실제로 이순신은 전투지의 기후, 지리적 이점, 군사들의 사기 등을 잘 살펴 왜 함선을 급습하거나 지리적으로 유리한 바다로 유인해내는 방법으로 반드시 이길 전쟁만을 했다. 그래서 그에게는 몇백 년이 지난 지금까지도 '백전백승에 빛나는 민족의 성웅'이라는 수식어가 함께 따라다니고 있다.

그러나 민족의 성웅이던 이순신도 모든 일에 대범할 것 같지만, 그 당시 경상수사이던 원균의 술버릇, 말버릇, 작은 행동거지 등 아주 사소한 것에 대한 미움부터, 나라를 위태롭게 할 수도 있는 처사에 대한 원망들을 《난중일기》 곳곳에서 엿볼 수 있다.

이렇듯 감정을 드러내지 않는 일은 그에게도 만만치 않은 과제였던 것 같다. 그럼에도 이순신은 사사로운 감정으로 상관에 거역하거나 아랫사람을 함부로 대하지 않고 오로지 왜군을 물리치기 위해서 최선을 다했다.

내 아이가 감정의 주인이 되게 하는 법

아이들은 감정 처리 능력이 미숙하므로 조금 힘들거나 어려운 일에 부딪혔을 때에도 쉽게 좌절하거나 분노할 수 있다. 이렇게 감정에 지배를 당하게 되면 판단력이 흐려져 문제해결이나 의사결정을 제대로 할 수 없다. 따라서 아이가 감정에 너무 민감하게 반응하거나 지배당하지 않도록 감정조절능력을 키워주어야 한다. 이를 위해서는 다음과 같이 네 단계를 통해 감정을 조절하는 능력을 길러주어야 한다.

첫째, 아이의 감정을 받아준다. 아이가 어려움을 겪고 있거나 스트레스를 받고 있을 때 엄마(아빠)가 아이의 감정을 그대로 받아준다. 아이가 슬퍼 보이거나 당황해 한다면 "너 정말 슬퍼 보이는구나. 무슨 일이 있니?", "고민이 있어 보이네. 왜 그러니?" 하고 넌지시 물어보는 것이 좋다.

둘째, 아이가 느끼는 감정을 표현하도록 도와준다. 아이는 부모가 자신의 감정을 진실로 공감해준다고 느끼면 대개 불안한 마음이 안정된다. 이때 아이가 느끼고 있는 감정을 말해보라고 해주자. 아이는 마음에 응어리진 것을 표현함으로써 홀가분한 기분을 느끼게 될 것이다.

셋째, 아이가 느끼고 있는 감정이 무엇이든 어떤 사람이라도 그런 감정을 가질 수 있다고 인정해주자. 가령 아이가 화가 났다거나 억울하다는 감정을 표현하면, 누구나 그럴 수 있다고 위로해주자. 아이는 대개 부모가 자신의 감정을 이해해주면 마음의 안정감을 느끼고 자신의 고민을 솔직하게 말하기 시작한다.

넷째, 아이의 마음이 안정되어 자신의 문제를 직시하기 시작하면 이성을 발휘해 의사결정을 하도록 유도한다.

예를 들어 재미있게 가지고 놀고 있던 장난감을 힘센 아이에게 빼앗겨 기분이 상해있으면, 아이가 할 수 있는 한 최선의 결정을 하여 문제를 해결하도록 차근차근 도와주자. 또한 놀이에 끼워주지 않는다면 그 이유를 찾아보고 스스로 해결할 수 있는지 아니면 선생님이나 부모의 개입이 필요한지 판단하게 한다.

　이렇게 아이가 자신의 감정을 조절하는 것이 가능해지면, 그다음부터는 감정이 상해 어려운 상황에 직면해도 어리석은 결정을 하기보다는 이성을 발휘해 현명하게 결정하려고 노력할 것이다.

42 극한 상황을 극복하게 하라

극한 상황에서 어떻게 의사결정을 해야 할까?

흰 눈이 쌓여 밝은 햇볕과 푸른 하늘이 잘 대비되는 신비로움을 간직한 히말라야 산맥은 정말 아름답다. 하지만 갑자기 날씨가 흐려지고 눈보라가 일기 시작하면 등산객들은 큰 고통에 빠지게 된다. 언제 어디서 일어날지 모르는 거대한 눈사태와 곳곳에 도사리고 있는 크레바스로 인해 갑자기 끝 모를 낭떠러지로 추락할지 모르기 때문이다.

이렇게 극한 위험에 처하게 되면 사람들은 대개 세 가지 그룹으로 나뉜다. 첫째 그룹은 갑자기 닥친 위기에 어쩔 줄 모르고 허둥대며 혼자만 살기 위하여 인간성을 잃어버린다. 둘째 그룹은 극한 상황에 자포자기하면서 주어진 상황과 흘러가는 시간에 그대로 자기 운명을 맡겨버린다. 셋째 그룹은 극한 상황을 벗어나기 위하여 차분하게 노력하면서 끝까지 인간성을 잃지 않고, 위기에 빠진 사람들끼리 서로 위로하면서 협조와 양보를 통하여 마침내 그 위기에서 벗어난다.

제임스 카메론 감독의 영화 〈타이타닉〉에서도 극한 상황에서 사람들이 세 그룹으로 나누어지는 것을 볼 수 있다. 1912년 4월 15일, 어두운 밤에 북대서양을 항해하던 타이타닉호가 거대한 빙산에 충돌하면서 승객 1,500여 명을 태운 채 깊은 바다 밑으로 가라앉고 있었다. 배가 바닥에 닿을 때까지 그 길지 않은 시간에 자기만 살겠다고 다른 사람은 아랑곳하지 않고 구명 보트에 먼저 타려고 하는 사람, 두려움에 떨며 자포자기하는 사람, 극한 상황 속에서도 어린이와 여자 승객들을 먼저 대피시키면서 끝까지 인간성을 잃지 않기 위해 노력하는 사람들을 볼 수 있다.

극한 상황에 처해있을 때 거기에서 벗어나려면 어떻게 해야 할까? 먼저 마음을 차분하게 하고 상황을 냉정히 파악해야 한다. 그리고 선택을 해야 한다. 절망할 것인지 희망을 가지고 위기에 대처할 것인지를 말이다. 위기 상황에서 돌파하지 못하는 사람들은 대부분 처음부터 겁을 먹고 절망을 선택한다. 하지만 희망을 선택하면 우선 마음가짐부터 달라지기 때문에 사고도 유연해진다.

인간의 뇌 구조상 이성의 뇌가 활성화되기 위해서는 먼저 감정의 뇌부터 활성화되어야 한다. 즉 정서를 주관하는 뇌가 활성화되면 이성을 주관하는 뇌가 활발하게 작용할 준비가 된다. 그래서 절망과 희망이 있다면 위기 상황에서도 가능하면 희망을 선택하는 것이 좋다. 그래야 이성의 뇌가 활성화되어 위기 상황에서 벗어날 방법을 떠올릴 수 있기 때문이다.

희망을 선택하면 극한 상황을 극복할 수 있다

2010년 10월 13일 칠레 북부 산호세 광산에서 지하 700미터에 매몰되어 있던 33명의 광부가 69일 만에 구출되는 인간승리의 기적이 일어났다. 어두운 절망만이 지배하던 지하 700미터의 갱도에 갇혀있던 이들을 살려낸 힘의 원천은 과연 무엇일까? 눈앞에 닥친 극한의 위기에서 이들은 두 가지 선택을 할 수 있었다. 절망과 희망 말이다.

그러나 다행히 이들은 희망을 선택하고 서로를 격려하면서 웃음을 잃지 않기 위해 재미있는 이야기를 하고 가족과 만날 날을 손꼽아 기다렸다. 산소가 부족하고 물과 식량이 다 떨어져 가고 언제 갱도가 무너질지 모르는 상황에서도 이들은 절대 포기하지 않았고, 나쁜 생각이 들 때마다 모두 함께 살아서 나갈 수 있다는 것만 생각했다. 이런 힘으로 그들은 악몽 같은 69일이라는 긴 시간을 참아냈고 결국 모두 살아서 지상의 밝은 햇볕으로 나오는 축복을 누릴 수 있었다.

이와 같이 극한 상황은 누구에게나 닥칠 수 있지만 이에 대한 대처 능력은 사람마다 다르다. 따라서 아이들이 어려운 상황에서도 포기하거나 이기적으로 행동하지 않도록 가르치는 것이 필요하다.

최근 17년 만에 집권한 프랑스 좌파 정부의 프랑수아 올랑드 프랑스 신임 대통령은 플뢰르 펠르랭을 중소기업·디지털경제장관에 임명했다. 그런데 펠르랭 신임 장관은 1973년 한국에서 태어나 생후 6개월 만에 프랑스로 입양된 고아였다. 그녀는 낯선 먼 이국땅에서 다문화 자녀라는 핸디캡을 잘 극복하고 보란 듯이 성공했다. 그녀는 자신의 성공에 대해 묻는 기자의 질문에 아무리 힘들고 어려워도 절망하기보다는 반드시 성공할 수 있다는 희망을 잃지 않고, 자신에게 주어진 환경에서 최선을 다해 노력했기에 어려움을 극복할 수 있었다고 대답했다.

이처럼 위기 상황은 잘만 이용하면 오히려 전화위복의 기회가 될 수도 있다. 인류의 역사를 뒤돌아보아도 천재지변이나 기근 전쟁 등 총체적 난국에 직면했을 때 지혜를 발휘하여 어려움을 극복하고 한 단계 진보한 예가 많다. 따라서 아이가 좌절하거나 힘들어할 때에는 긍정적으로 생각할 수 있도록 용기를 주고 거기에서 벗어날 수 있도록 도와주자.

내 아이를 위한
의사결정능력 코칭

초판 1쇄 인쇄 2013년 2월 1일
초판 1쇄 발행 2013년 2월 8일

지은이 문정화

펴낸이 김영철
펴낸곳 국민출판사
등록 제6-0515호
주소 서울특별시 마포구 서교동 382-14
전화 (02)322-2434(대표)
팩스 (02)322-2083
홈페이지 www.kukminpub.com

편집 최용환, 오수환, 이예지
영업 김종헌, 이민욱
경영 한정숙
외주 디자인 서정희

ⓒ문정화, 2013

ISBN 978-89-8165-235-7 13590